iPhoneの
ショートカット

嶋崎 聡 著

まえがき

　ショートカットと聞くと大抵はWindowsのプログラムやフォルダのアクセスを簡単にする方法やアプリケーションのキー操作を思い出すのではないでしょうか。

　これから説明するのは、そのショートカットではなく、iPhoneやiPad、macOSなどで使える自動化アプリである「ショートカット」です。

「ショートカット」アプリは、iOSにあった「Workflow」アプリ（https://workflow.is/）がAppleに買収されて、iOS12から提供されたアプリです。

　iOSだけでなく、macOSにも同じアイコン、名前で「ショートカット」がmacOS 12 Montereyから提供されています。各OSごとに見た目や操作方法が異なるのではなく、iOS／macOSである程度の操作方法や画面構成を合わせてあるので、一つ操作方法がわかれば違う環境にも対応できるでしょう。

　ショートカットとは関係ないですが、macOSには昔からHyperCardやAppleScript、Automatorといった開発ツールが提供されていました。特にHyperCardはOS（System6以降）にオーサリング可能なバージョンが添付されていたこともあり、さまざまなゲームなどが製作されま

した。AppleScriptもOS（System7以降）に標準で搭載されていたので、PowerMacintoshより前のMacintoshを使っていた人は見たことがあるかもしれません。

　ショートカットにはWorkflow時代からの資産であるサンプルがたくさんあります。

　ちょっと使うだけであれば、この中から目的に近いものを探すといいでしょう。本書ではそこからもう少し進んで、サンプルの中身を参考に改造したり、完全に自分がほしいショートカットを作る方法も説明していきます。

　今後は用語の区別をつけるため、ショートカットアプリについては「本体アプリ」、ショートカットについては「ショートカット」と記載します。

2023年9月　嶋崎 聡

第5章　パスワード生成器 Ver.1　88

第6章　パスワード生成器 Ver.2

第11章 OpenAI API へのアクセス

本書について

　本書はAppleのiPhoneに付属している「ショートカット」アプリの基礎から本格的なプログラミングまでさまざまな自動化に対応できるように解説し、制作されています。

●本書に掲載された内容は知識を身につけることを目的としています。

●本書の内容を使用して起こるいかなる損害や損失に対し、著者および弊社は一切の責任を負いません。

●本書はiOS16時点での執筆内容となります。本書に掲載された各種アプリケーション、各種サービスなどはそれらの仕様変更に伴い、本書で解説している内容が実行できなくなる可能性もあります。

●本書に掲載された内容は著者により動作確認を行いました。著者および弊社はこれら内容に対し、記述の範囲を超える技術的な質問に応じられません。

●本書に掲載された内容は最低限の情報で効率よく身につけることを目的としています。インターネット上で簡単に検索できる単語や情報は細かい説明を省略している部分があります。

●本書に掲載された内容はAppleのiPhoneに付属している「ショートカット」アプリで動作させることを前提として制作されています。

●本書のサポートサイトは以下になります。
https://islandcape.sakura.ne.jp/iphone/

商標について

●本書に掲載されているサービス、アプリケーション、製品の名称などは、その発売元、および商標または登録商標です。

●本書を制作する目的のみ、それら商品名、団体名、組織名を記載しており、著者および弊社は、その商標権などを侵害する意志や目的はありません。

サンプルのダウンロード

　本書のショートカットのサンプルは一部をiCloudで共有しています。iOS／iPadOS環境で以下のリンクからダウンロードし、利用してください。

　個人のみでの利用を目的としており、改変／改造後のツールの再配布は禁止します。

6章

・パスワード生成V2サンプル

https://www.icloud.com/shortcuts/7c248a42e9354c938751201eef34c5e9

7章

・パスワード生成V3サンプル

https://www.icloud.com/shortcuts/2ccdeec081a5444ea5596a5be5a68c4e

・パスワード生成V3本体サンプル

https://www.icloud.com/shortcuts/9fdf4771fe184d3187dfb071031b8b5a

・パスワード確認V3用サンプル

https://www.icloud.com/shortcuts/abe31464ba2545939c838e3c0b05405b

・パスワード削除V3用サンプル

https://www.icloud.com/shortcuts/0c7d969e30eb4214b4622d088a5108e0

・V2からV3形式に変更サンプル

（パスワード生成V2で作ったデータをV3で利用する場合に必要）

https://www.icloud.com/shortcuts/b71d7f975bc14cc5b72a4f940ac89c07

10章

・住所教えて_サンプル

https://www.icloud.com/shortcuts/004103f89f8b44ddb61c74f626500a8e

11章

・AIに聞いて_サンプル

https://www.icloud.com/shortcuts/53b807bdb6014dc78306e02641f7c52b

ショートカットアプリ

1

ショートカットアプリ

ショートカットと本体アプリの使い方の前に、まずは本体アプリの使い方を見ていきましょう。

本体アプリのアイコン◆をタップして起動します。

メニューなどにショートカットのアイコンが見当たらない場合は、AppStoreで「ショートカット」を検索してインストールしてください。（図1）

AppStoreから検索する方が簡単ですが、下記URLからAppStoreの詳細ページを確認できますので、必要に応じて利用してください。

【図1】
アプリストアのショートカットアプリ

```
https://apps.apple.com/us/app/shortcuts/id915249334
```

ショートカット

ショートカットの起動方法は複数あります。

本体アプリに保存されているものをタップ、Siri経由、ホームに設定してユーザーがタップするなどです。

本体アプリを起動したら図2のように「すべてのショートカット」画面が表示されます。保存してあるショートカットの数によって表示される数は変わります。

ここで「すべてのショートカット」が表示されていない場合にフォルダ一覧画面が表示されていることがあります。（図3）

フォルダー一覧画面でも端末にインストールされているショートカットが確認できます。ショートカットはフォルダ分けできますので、自分で作ったショートカットが増えてきたら、右上の（フォルダに＋）を押して新しいフォルダに整理するといいでしょう。

この画面が表示されている場合は、一番上の「すべてのショートカット」を選びます。

【図2】
ショートカットアプリの起動画面

【図3】
ショートカットのフォルダー覧画面

　これ以外の画面で起動していたら、画面下にあるメニュー図4から、一番左の「🔶ショートカット」を選びます。ショートカットで「すべてのショートカット」が選択されていたら次へ、フォルダ一覧画面の場合は「すべてのショートカット」を選びます。

【図4】　画面下メニュー

　それでは、次に「すべてのショートカット」画面を説明していきます。（図5）

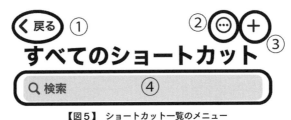

【図5】　ショートカット一覧のメニュー

❶ 戻る

フォルダ一覧画面に戻ります。

❷ ⋯

登録されているショートカットの編集、表示方法の変更です。

・編集

　登録されているショートカットを削除、複製、移動できます。

　複製は、内容の同じショートカットをもう1つ作ります。現在の名前に数字をつけたものが作成されます。バックアップとしても使えますので、必要に応じてショートカットの名称変更を行いましょう。（図6）

　移動は、現在のフォルダから違うフォルダへの移動です。このとき新しいフォルダを作成しつつ移動もできます。（図7）

【図6】名前とアイコンを変更できる

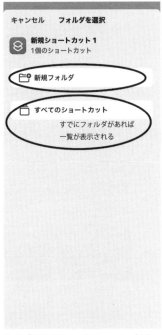

【図7】移動するときにフォルダ選択
だけでなくフォルダ作成も可能

編集は、この2つの作業と削除を複数の
ショートカットでまとめて行う場合に使い
ます。対象のショートカットを選択したら、
画面下から作業を選択します。（図8）

削除は編集からもできますが、各ショー
トカットをロングタップでもできます。必
要に応じて使い分けてください。

すべての選択を解除　　　　　完了
1個を選択中

✓ 🔶 **ショートカットとは?**
　　37個のアクション

○ 🔶 **新しいツイートを作成**
　　2個のアクション

○ 🔶 **呼び出し**
　　2個のアクション

○ 🔶 **エンコード**
　　1個のアクション

○ 🔶 **メニューから選択**
　　22個のアクション

○ ◼ **カレンダーの検索**
　　6個のアクション

○ 🔶 **パス生成範囲チェックなし**
　　34個のアクション

○ 🔶 **パス生成**
　　40個のアクション

○ 🔶 **ただ連結**
　　24個のアクション

○ 🔶 **文字列結合分割**
　　18個のアクション

○ 🔶 **文字列変数連結**

複製　　　　　移動　　　　　削除

【図8】編集では1つでも複数でも移
動や複製、削除ができる

・グリッド表示

タイトルがついた色タイルが並びます。（図9）

・リスト表示

各アクションのソート条件が指定できます。

名前、アクション数、最終変更日でソートが可能で、メニューをタップするごとに昇順、降順が切り替わります。（図10）

【図9】グリッド表示

【図10】リスト表示

❸ +

新規ショートカットの作成です。（図11）

ショートカット作成の詳細については別の章で説明しますので、ここではメニューなどを説明します。

完了を押せば、ショートカット一覧に戻ります。

タイトルの右にある⊙で新規ショートカットに関するメニューが開きます。（図12）

①名称変更

ショートカットの名前を変更します。

【図11】新規ショートカット作成画面　　【図12】名前横のメニューを開いたところ

②アイコンを選択

　ショートカットのアイコンを変更します。保存されているアイコンと背景色をそれぞれ設定できます。（図13）

③複製

　ショートカットの複製ができます。

④移動

　現在のフォルダから違うフォルダへの移動ができます。複製と移動は、一覧メニューから選択できるものと同じです。

⑤ホーム画面に追加

　ショートカットをホームから選べるようにアイコンを追加します。わかりやすいようにショートカットの名前が変更できます。（図14）

【図13】アイコンとベース色を選択

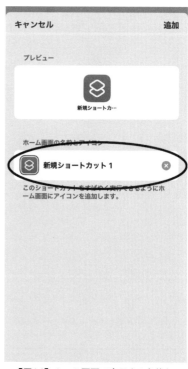

【図14】ホーム画面で表示する名前と
アイコンを設定

⑥ファイルを書き出す

　iCloudのリンクを作成します。「全員」と「私を知っている人」はアクセス制限の選択で「全員」を選ぶとショートカットはリンクを知っている人ならば誰でもアクセスできます。（図15）

　共有先はアプリ経由か直接iCloudにアップロードするなど複数の方法があります。インストールされているアプリにもよります。（図16）

【図15】iCloudリンク

【図16】共有先を選択する

4. 検索

　ショートカットの名前で検索できます。

　一部文字列でも候補が絞られますが、カタカナとひらがなは違う文字扱いだったり、漢字の読みで検索はできないので注意してください。

まとめ

　本体アプリの基本的な操作についてまとめました。

　操作についてはiPhoneの基本操作に沿っていますので、iPhoneを使っている方ならすぐにわかるでしょう。

　実際に利用を始めると一番見る機会が多い画面だと思いますので、いろいろと動かしてみてください。

オートメーション

オートメーション

❤️オートメーションは、特定のイベントからショートカットを起動するために使います。

オートメーションが1つも登録されていない場合、図のように個人用とホームアプリを使ったホームオートメーションの選択画面になります。（図1）

1つでもオートメーションが登録されていると管理画面になります。（図2）

【図1】オートメーション

【図2】オートメーション管理画面

個人用オートメーション

個人用オートメーションでは、トリガーは24種類用意されています。（図3）（図4）（図5）

iPhoneやiPadからユーザーが起動する場合、本体アプリ内やSiri、ホーム画面から起動しますが、こちらは時刻、位置情報、メール、メッセージ、通信関係、アプリ、バッテリー、集中モードなど本体機能とマイクから入力した内容で起動されます。

集中モードは、iOS16から、より細かい設定ができるようになっています。場面設定が複数できるようになっているためか、オートメーションのト

【図3】オートメーションのトリガー1

【図4】オートメーションのトリガー2

【図5】オートメーションのトリガー3

リガーにも採用されています。

　通知や壁紙などは集中モードでも設定変更できますが、それ以外で必要に応じてこのトリガーを使うのがいいでしょう。

ホームオートメーション

　ホームオートメーションは、ホームアプリを組み合わせて利用できます。

　家に帰ってきたら、照明やエアコンの電源をONにするなど、家の内部をコントロールするために使います。

　ホームオートメーションを選択すると「ホーム」の新機能などの説明が出ます。（図6）

　ここで「続ける」をタップするとホームアプリに移行します。（図7）

【図6】ホーム新規選択の場合　　　　**【図7】ホームハブ**

　ホームとその機能の説明は、Appleのサイトにまとめられています。リンクを載せますので、自宅のオートメーション化に興味があるという方はこちらを見てください。

・ホームAppでシーンやオートメーションを作成する
　https://support.apple.com/ja-jp/HT208940

オートメーションの実例

実際にいくつかの状況に合わせて説明していきます。

BluetoothデバイスをiPhoneと接続したときに音楽を再生

トリガーはBluetoothを選択します。（図8）

　Bluetoothには「デバイス」が設定できますので、「選択」からデバイスを選択しましょう。デバイスの右に「選択」をタップします。（図9）

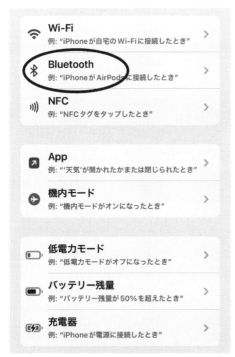

【図8】Bluetoothを選択

【図9】Bluetooth設定

デバイスリストが表示されます。（図10）

「自分のデバイス」には、自分がペアリングしているデバイス（イヤホンなど）が表示されていると思いますので、この中から選択しましょう。今回は、ワイヤレスイヤホン DENON AH-C830NCWを選択しました。（図11）

デバイスを選んだら右上「次へ」を押します。

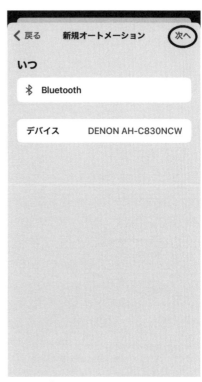

【図10】Bluetoothデバイスの選択　　　　　　【図11】Bluetoothデバイスを選択した

　次は、このデバイスが接続されたときに動かすショートカットの新規作成画面になります。（図12）

「次のアクションの提案」にある「ミュージックを再生」を選びます。（図13）

【図12】
Bluetooth接続の新規アクションを作成

【図13】ミュージック再生アクションを
設定

「ミュージック」を選択すると「ライブラリ」が開きますので聴きたい曲を選択します。（図14）

　右上の「次へ」を押したら設定完了画面が出ますので右上の「完了」を選べば設定が終わります。（図15）

　これでワイヤレスイヤホンを接続したら、Appleミュージックが起動して再生開始されます。出勤前にiPhoneがカバンの中にあってもイヤホンをつけるだけで再生開始、ちょっと便利ですね。

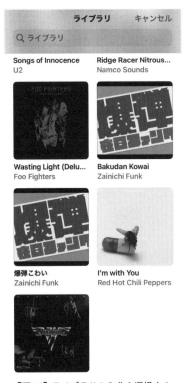

【図14】ライブラリから曲を選択する

【図15】設定の全体図

バッテリー残量

充電器については、充電中かそうでないかの判断しかできないので、バッテリー残量によって挙動を変えるようなオートメーションを考えてみます。

バッテリー残量はスライダーで変更できます。デフォルトでは50%になっています。（図16）

充電で80%を越えたら曲を流して、10%以下になったら機内モードにしてみます。設定から特定の電池容量以下になったら省電力モードにできますが、オートメーションの例として10%以下も作ってみます。

80%以上で曲を再生する

まずはバッテリー残量を80%、条件は「80%より上」にします。（図17）

「次へ」をタップするとアクションの追加画面になりますので、バッテリー残量が80%を越えたら何をするかを選択します。

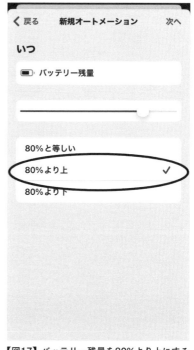

【図16】50%がデフォルトになっている　　【図17】バッテリー残量を80%より上にする

【図18】アクションを追加する

【図19】ミュージックを再生を追加した

「ミュージック」をタップするとライブラリから曲が選択できます。（図20）

【図20】再生する曲が選択できる

「実行の前に尋ねる」はONだと実行するたびにダイアログが出ます。それでは困るのでOFFにしています。

「実行の前に尋ねる」をOFFにすると「実行時に通知」が出てきますので、これもOFFにしておきましょう。ONのままだと通知がたまっていきます。

「次へ」をタップしたら、設定は終わりです。（図21）

iPhoneではバッテリーの最適化機能があるので、過充電などの心配はないかもしれませんが、他のスマホには充電量で充電を止める機能がついていたりします。それに似た機能がオートメーションで実現できます。

10％以下で機内モードに設定

次に10％未満で機内モードです。10％以下になったら、機内モードにして、画面の明るさを下げます。

80%のときと同じようにバッテリー残量を10%に、条件を「10%より下」に設定します。（図22）

次にアクションを指定しますが、機内モードと明るさの設定を行っていきます。「Appおよびアクションを検索」を使って対応するアクションを検索しましょう。

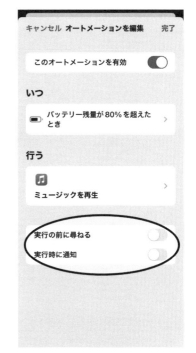

【図21】80％の編集が終わったところ

【図22】バッテリー10%以下に条件を設定する

　機内モードは「機内」と入力します。（図23）

　機内モードの設定方法がいくつかありますが、今回は「オンに変更」を指定します。（図24）

【図23】機内モードを検索する

【図24】機内モードを設定する

次に画面の明るさを変更するためのアクションも追加しましょう。同じように「明るさ」で検索します。（図25）

「明るさを設定」を選んだら、画面の明るさをスライダーで変更します。この数字は好みに応じて決めてください。今回はそのまま50%にしました。（図26）

以上で、10%以下になったときの設定は完了です。（図27）

【図25】明るさで検索する

【図26】明るさはスライダーで設定

【図27】バッテリー10%の最終的な画面

● サウンド認識

最後に紹介するのはサウンド認識です。

ただ、こちらの機能はどういった使い方がいいかについて想像がつきませんでした。例に書かれている「ドアベルのサウンドが認識される」ことに絡めて考えてみたのですが、最近の家はカメラ付きインターホンも増えていると思いますので、ドアベルが鳴ったという表現もいまいちわかりづらいです。

赤ちゃんがいる家であれば、「赤ちゃんの泣き声がしたら、メッセージを飛ばして、子守歌を再生」というのはどうでしょうか。

ネコや犬を飼っている方は、「(多分)エサを催促する声がしたら、電話をかける」といったことにも使えそうです。

何かの音に反応して行動を起こすというのは、自分たちにも多少心当たりがあるかと思いますので、そういったことで使ってみてください。

実際に使う場合は、設定から「サウンド認識機能」を有効にします。

サウンド選択にもリンクがありますので、そちらから開いて設定してもいいでしょう。(図28)

【図28】設定のサウンド認識をONにして利用

次にiPhoneで認識させたいサウンド
を「選択」から選びます。

ここで選択するサウンドは、事前に
iPhoneで録音するか、コピーしておい
てください。ここまで設定したら準備完
了です。（図29）

デバイスの人工知能機能が取り込んだ
内容を認識できた場合のみ有効という
ことなので、精度については怪しいと
ころもありますがそこはiPhoneなので、
きっと大丈夫です。ぜひ有効な使い方を
考えてみてください。

【図29】選択したサウンドが認識される

まとめ

オートメーションは、ちょっとしたきっかけで何かをするという用途に
合ったものです。こうなっていたら便利なのにと思ったことがあったら試し
てみてください。

ギャラリー

3

ギャラリー

ギャラリーにはさまざまなショートカットが登録されています。

基本的な使い方の説明、他のアプリとの組み合わせなど、ショートカットをどのように使うのかを知るのに役立ちます。（図1）

ギャラリー

🔍 検索

アクセシビリティのショートカット

仕事をこなす　　　すべて表示
集中力を高めるためのショートカット

テキストをオーディオに変換

日数のカウントダウン

必須ショートカット　　　すべて表示
誰もがツールボックスに備えておくべきショートカットです。

ショートカット　オートメーション　ギャラリー

【図1】ギャラリー

おすすめカテゴリ

画面上部にはおすすめカテゴリが複数表示されています。iOS16.2の時点で7つほどあり、横にスクロールして確認できます。（図2）

この部分を右にスクロールすると「スターターショートカット」と書かれたブロックが出てきます。ここにはショートカットとはどんなものかわかるものが登録されています。

「ショートカットとは何か？」が、そのものズバリ、ショートカットを紹介していたり、「休憩する」が、アラームセットとおやすみモードへ切り替えて休憩の準備をしてくれます。

そのほかにユーザーにダイアログから選択させて設定するショートカットなどもありますが、中身が多少複雑でもたくさんのコメントがあり、内容が解説されています。

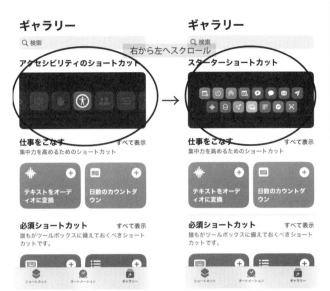

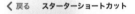

【図2】横にスクロールして確認できる

ショートカットを登録する

それでは、「スターターショートカット」の中にある「ショートカットとは何か?」を利用してみましょう。(図3)

【図3】スターターショートカット

なぜ利用かというと、ギャラリーから直接起動できないためです。

起動のためにショートカットを自分用として登録する必要があります。「ショートカットとは何か？」の右上の⊙をタップしてダイレクトに登録するか、ショートカット自体をタップします。登録画面では、⬆をタップすれば共有も可能です。（図4）

⊙や◐が⊙になっている場合は登録済みです。（図5）

【図4】ショートカットの登録画面　　　　【図5】登録してあるとマークが変わる

ショートカットを起動する

　登録が終わったら、◆ショートカットにある「すべてのショートカット」を選んでください。（図6）

　起動するとアクションの選択肢が出ます。今回は「メモを作成」を選びました。（図7）

【図6】すべてのショートカットから開く

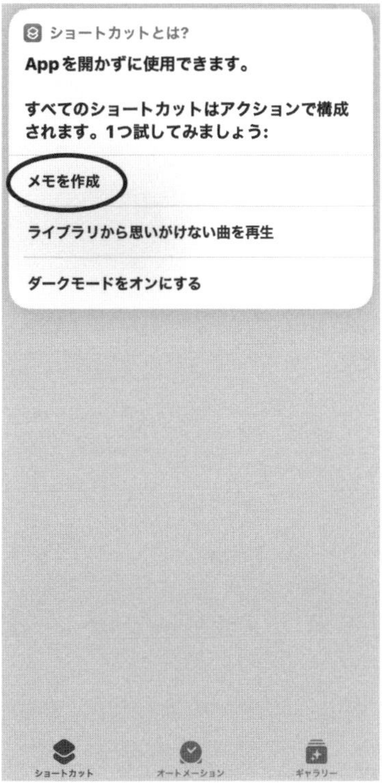

【図7】起動後に選択肢が出る

　ダイアログの文字列は「読み上げますか？」となっていますが、実際はここに入力された内容がメモに登録されます。（図8）

　入力が終わるとメモを作成してもいいかの確認ダイアログが出ます。（図9）

　メモはショートカットと別のアプリなので、メモを作成する権限が必要になります。この辺りは、iOSのセキュリティに関する部分なので、ユーザーの許可が必要になるため、このようなダイアログが出ます。

　通常は「1度だけ」か「常に」、どちらかの許可を選んでください。「許可しない」を選んだ場合は次回以降もメモ作成の際に同じようなダイアログが開きます。

【図8】メモに登録する内容を入力

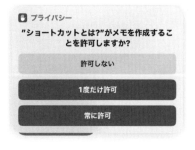

【図9】メモ作成についての確認

今回は「1度だけ許可」を選んでいます。

メモが「ショートカット」と読み上げるというダイアログが出ました。ここは「完了」を押します。（図10）

最後に「これがショートカットだ」的なメッセージが表示されて、このショートカットは終わりです。（図11）

ギャラリーから実行するには、選択して追加する流れが必要ですが、一度追加してしまえば、あとはタップしたりSiriで実行できます。

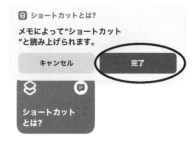

【図10】メモに追加　　　　　【図11】ショートカットの説明が出る

ギャラリーを検索

　ギャラリーにも検索機能がついています。見たい、欲しいというショートカットを検索してみましょう。（図12）

　QRコードをスキャンしてサイトを表示するショートカットがあったはずなので、検索して追加してみます。

　検索ボックスに「QR」と入力します。（図13）

ギャラリー

アクセシビリティのショートカット

仕事をこなす　　　　　　すべて表示
集中力を高めるためのショートカット

必須ショートカット　　　　すべて表示
誰もがツールボックスに備えておくべきショートカットです。

【図12】ギャラリー 検索

【図13】QRで検索すると違う

「QRコードをスキャンして〜」というような結果を期待していたのですが、なぜかWi-Fi設定をQRコードにするショートカットが表示されています。
　内容に興味があるので登録して中身を確認します。（図14）

　Wi-Fiのネットワーク名、パスワードからQRコードを生成して接続情報を作るショートカットでした。（図15）

　オフィスなどの共有Wi-Fi設定は、紙で渡されても入力がめんどうだったりしますし、その代わりにQRコードがあると便利なので、このショートカットもよさそうです。

【図14】Wi-FiをQRコード化

【図15】QRコード化の中身

【図16】QRコードをスキャンを検索

【図17】QRコードをスキャンを追加

しかし、当初の目的は「QRコードを読んでブラウザを開く」ショートカットですから、あらためて検索しましょう。

文言をいろいろと試した結果、「スキャン」で検索すると出てきました。（図16）

こちらも登録して目的のショートカットのようなので、こちらも登録して中身を確認してみます。（図17）（図18）

このショートカットには先ほどのWi-Fi情報をQRコード化するショートカットと違い、コメントがありませんでした。（ショートカットの作成時期に関連するのかもしれません）

最初に「QRまたはバーコードをスキャ

【図18】スキャンショートカットの
内容全体

ン」というアクションが使われていて、QRやバーコードを見て「http(s)://」で始まるならばブラウザで開く動作だったので、探していたショートカットでした。

このようにギャラリーの検索用単語がどんな部分を参照しているかわかりづらいですが、検索ができることはわかりました。
日本語と英語の違いなどもありそうで、1つの言葉で出てこない場合はいくつか入力してみましょう。

まとめ

以上の3つのセクションが、ギャラリーと本体アプリに関する説明です。

ショートカットアプリを利用していく場合、自前のショートカットを編集したり利用することになると、ショートカットの画面がメインになってしまい、他の機能はあまり見ないかもしれません。

しかし、「もう少し便利にしたい」という機能の追加といったことを考えた場合にぜひギャラリーを開いて見てください。
結構な数のショートカットがありますので、何か気になるものが1つはでてくるのではないでしょうか。その場で試すことができないので、コピーして試して、不要なr消すという作業が発生するのは残念なところなので、今後のバージョンアップに期待しましょう。

たくさんのショートカットの中身を見たりすることで、自作するときのヒントになる動作もわかってくることがあります。
このあとの章でもアクションの使い方などを解説していますので、それとギャラリーの内容を合わせて確認してみてください。

オートメーションも何かをしたときに動作させたいということを考えると結構便利なことがありますので一度は試してみてください。

ショートカットの作成と編集

ショートカットの作成と編集

ショートカットの作成

　本体アプリの説明でショートカットの使い方が多少はわかってきたでしょうか。次はショートカットの作成のための編集手順について説明します。

　難しい話はこのあとの章でいろいろと出てきます。ここは「なんとなく」わかってもらえばいいので、簡単に済ませます。「あー、ショートカット、そんな感じね、大体理解した」という方もそうでもない方も大体そんなもんだということを軽く読み流してください。（あとでなんとなくわかったら、またここに戻ってきて内容を確認してください）

アクション

書類

QRコード
- QRコードを生成 ⓘ
- QRまたはバーコードをスキャン ⓘ

アーカイブ
- アーカイブを作成 ⓘ
- アーカイブを展開 ⓘ

テキスト
- PDFからテキストを取得 ⓘ
- イメージからテキストを抽出 ⓘ
- テキスト ⓘ
- テキストから読み上げオーディオを作成 ⓘ
- テキストを音声入力 ⓘ

【図1】書類に含まれるアクション

　これまでショートカットの説明で「アクション」という単語が出てきました。「アクション」とは、ショートカットを構成するパーツです。（図1）

　アクションはジャンルごとに大きく分けて6種類に分類されます。また、アプリがショートカットとの連携インターフェースを用意している場合はアクションとしてアプリを呼び出せます。

　アクションは大抵は1つで完結しますが、複数のアクションで1組になっているものがあります。（図2）

　𝑥 変数 変数名 を 入力 に設定 ✕

【図2】変数の設定アクション1つで動作するアクション

「繰り返す」アクションは「繰り返しの終了」アクションと必ず1組になっています。IF文は「IF文の終了」と「その他の場合」で1組です。（図3）（図4）

「IF文」アクションの「その他の場合」アクションを使わない場合は削除できます。

2つ以上が1つになっているアクションは間に別のアクションの処理を入れている場合、削除するときに間のアクションもまとめて消すかの確認があります。（図5）

ブロックまるごとか、IF文や繰り返しのアクションだけを消すかの違いですが、間違えて全体を消すと大変なのでよく確認してから消してください。

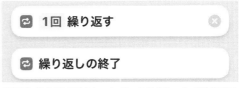

【図3】繰り返すアクション 2つのアクションで動作する

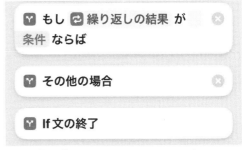

【図4】IF文 最大で3つアクションがある

【図5】削除の確認 if文（上）繰り返す（下）

アクションのパラメータ

アクションで入力するパラメータにはいくつか種類があります。

1つは変数名や「テキスト」アクションなどの自由入力のテキストです。

アクション内部で入力するときはタップすると灰色になり左端にカーソルが出ます。(図6)

【図6】アクションの入力

「テキスト」アクションでの入力は入力フィールド左上にカーソルが出ますので、そこに必要な内容を入力していきます。(図7)

【図7】「テキスト」アクションの入力

もう1つはタップやロングタップで入力/選択する内容です。(図8)

「変数に設定」アクションの入力はこのようになっていますが、これ以外のアクション

【図8】アクションのパラメータ

では変数や数値などそのアクションが必要となる内容によって変化します。

ここに書いていないものについては出てくるたびに必要に応じて説明をしていきます。

アクションのメニュー

メニューを開くにはアクション左側のアイコンをタップします。(図9)

メニューもパラメータと同じようにアクションのジャンルによって違いがありますので共通部分を説明します。それ以外の項目についてはその都度、説明します。

【図9】アクションのメニュー

- **情報を表示**

 このアクションの情報を表示します。

 入力／出力のデータ形式なども書かれていますので、マジック変数以外でどんなデータを使えばいいか迷ったときはこちらを確認してください。

- **よく使う項目**

 アクション選択の「よく使う項目」に登録します。カテゴリの１つとしてまとめられますのでアクションが探しやすくなります。

 登録されていない場合は「よく使う項目」（図９）
 登録されている場合は「よく使う項目を削除」（図10）

 このようになります。

よく使う項目を削除 ★

【図10】よく使う項目から削除

- **複製**

 このアクションを内容や設定そのままでコピーして、次の行にペーストします。確認はありませんので、同じアクションを複数使いたいときなどはこちらを使います。

- **コピー**

 このアクションを内容、設定を含めてコピーします。

- **上にペースト／下にペースト**

 アクションをコピーしたときにだけ出るメニュー項目です。

 現在のアクションの上下どちらかにペーストします。複製は下にペーストですが、上にペーストを選べばすぐ上にペーストしてくれます。

- **削除**

 選択したアクションを確認なしで削除します。

 アクションの右端にある⊗と同じです。

4

ショートカットのメニュー

ショートカット編集画面のメニューです。（図11）

Q Appおよびアクションを検索

【図11】編集画面の下にあるメニュー

・**アンドゥ⤺**

編集内容を1つ前に戻します。

間違って削除した場合も慌てずにこれを押せば1つ前に戻れます。

・**リドゥ⤻**

編集内容を1つ進めます。

アンドゥしたあとにやっぱりいらないかとなった場合などに使います。

また、アンドゥしすぎたときにタップすれば、希望の場所まで進みます。

・**情報ⓘ**

編集中のショートカットの設定画面です。（図12）

詳細はホーム画面や共有シートの利用設定とiOS端末以外の端末での利用設定です。

プライバシーは権限が必要になる設定をまとめてあります。画面ロック中でもショートカットを実行するかについても設定できます。

設定は自分の端末以外でショートカットを実行する際のロックをかけるかどうかに使えます。制限したい場合に設定します。

・**共有⬆**

他のアプリを通してショートカットを

【図12】iメニュー／上から詳細設定、プライバシー設定、実行時設定

共有する場合に使います。ファイル本体またはiCloudに保存しているファイルのリンクを共有できます。

・実行▶
現在編集中のショートカットを実行します。

変数

変数は3種類あります。普段はマジック変数が自動で選択されるので変数を意識することはありません。明示的にデータの保存を行う場合などに手動変数が使われます。

・手動変数
手動変数は、あとで変更される可能性のある値を保存しておくための変数です。また既存の変数への情報追加もできます。

後述する他の変数とは違い「変数を設定」アクションまたは「変数に追加」アクションで初期化する必要があります。

各アクションで利用する変数はユーザーが指定しなければ大抵の場合マジック変数が使われます。流れの中で結果の保存が必要な場合は「変数に設定」や「変数に追加」を使って手動変数に登録するのがいいでしょう。

「変数を設定」は変数の初期化とリセットができます。
「変数に追加」は複数のデータを追加できます。

必要な結果を変数に追加していけば順序付きリストにできます。

・マジック変数
各アクションの出力はマジック変数として扱えます。

マジック変数はアクションの出力とほぼ同じなのでアクションへの入力で「変数を選択」を選ぶとマジック変数の選択画面になります。（図13）

【図13】マジック変数の選択

マジック変数を指定すると変数名に生成元のアイコンが追加されます。

アクションによっては複数のマジック変数を選択できることがあります。その場合はマジック変数は複数表示されます。（図14）

【図14】複数要素がある場合

「各項目を繰り返す」アクションは「Repeat_Index」と「Repeat_Item」と表示されていても実際に変数として使うときに「繰り返しインデックス」「繰り返し項目」と表示されます。混乱しないように注意してください。

マジック変数を使用するほうがアクション同士を簡単に連係できて、流れも理解しやすくなります。

テキストアクションを複数使っている場合などは入り乱れてどのテキストアクションかわかりづらくなることもありますので、その場合は先に手動変数を使うなどの対策は必要になります。

・特殊変数

特殊変数はテキストフィールドやパラメータの設定に指定する変数です。

文字入力部分に変数一覧が表示されますが、これをタップすれば文章の一部として変数を入力できます。実行時に変数の内容が展開されます。（図15）

【図15】特殊変数の入力

アクションの検索

ショートカットにアクションを追加する場合、アクションのメニューから探して追加と検索する方法があります。（図16）

スクリプティングや書類は、ショートカットの作成に関係が深いアクションがまとまっていますので、内容も確認してみてください。

【図16】アクションの検索画面

○ジャンル

各ジャンルの項目を大まかにまとめました。

・よく使う項目

自分がよく使う項目をアクションのメニューから設定できます。「変数に設定」や「繰り返す」「If文」などよく使いそうなアプリは登録しておくと確認しやすくなるのでおすすめです。

・スクリプティング

ショートカットの骨格を作るアクションがまとまっています。

条件判定や繰り返しのような制御、デバイス情報の取得、ネットワークやファイル、リスト、変数といった実行に関連する内容がまとまっています。

・共有

　クリップボードやシステムでの共有、メッセージ送信などデータを共有するためのアクションがまとまっています。

　また、ソーシャルメディア用のアプリなどもこちらに分類されます。

・場所

　位置情報やマップ、経路情報を扱うためのアクションがまとまっています。天候に関するアクションもこちらにあります。

・書類

　テキストやファイル、翻訳などテキストに関するアクションがまとまっています。それ以外にもQRコード関係や「結果を表示」などがこちらにまとめられています。

・メディア

　写真、音楽、動画などメディアファイルに関するアクションです。iTunes StoreやPodCastなど、ファイル以外のメディア関連もあります。

・Web

　Webサイト、URLなどに関するものがこちらにあります。PinboardやPocketといったアプリのアクションもこちらにまとまっています。

○検索

　どのジャンルに何があるか、大まかにわかっても数が多いので探すのが大変です。その場合は検索が便利です。

　図15の「Appおよびアクションを検索」に思いつく動作を入れると候補が出てきます。

　実際に検索する手順は実際の作業手順としてのちほど解説します。

アクションの応用

　ここまでショートカットの編集方法とアクションを紹介してきました。

　もう少しアクションや変数（特にマジック変数）との組み合わせなどの説明していきます。

　この本を作るにあたってサンプル作成中に考えた方法なども含めて、まとめてみました。

「要素を繰り返す」のマジック変数

　アクションの出力がマジック変数として使えることは説明しました。マジック変数は大抵の場合、そのアクションの名前などがつくのですが「要素を繰り返す」アクションでは少し違っています。（図17）

　他のアクションでは「Repeat Index」は「繰り返しインデックス」、「Repeat Item」は「繰り返し要素」となっていますので、マジック変数の部分だけ翻訳されていないだけかもしれません。（図18）

　このアクションを使う場合は気をつけてください。

【図17】要素を繰り返すのマジック変数　　　　【図18】要素を繰り返すの変数名が変わる

テキストアクションに埋め込み

　変数は便利ですがそこに何かを追加するとなるとなかなか大変です。

　他の言語では変数の内容をテキストに変換するときに出力フォーマットの中に変数の内容を入れ込むことができます。ショートカットでも「テキスト」

アクションに変数を埋め込んで出力内容を整形できます。

　例えば、"あなたは言った『(入力した内容)』"という具合に入力した内容をテキストアクションに埋め込んで1つの文章を作るショートカットは次のようになります。（図19）

　通常のテキストの間に変数を入れて出力するように設定すると、定型文を作ったりデータの整形にも使えます。

　ショートカットを作り始めたころは、変数に連結するのか？　それとも配列にしてそれを1つの文章にするか？　と、めんどうな方法を考えて試していたのですが思った通りにできず、困っていました。テキストアクションの使い方がわかってからは、必要な情報を埋め込めるようになり、いろいろな問題が解決しました。

【図19】テキストアクションに入力内容を埋め込む

テキストを操作する

　テキストを複数要素に分割したい場合はアクションリストの書類カテゴリ内にあるテキスト編集グループのアクションを使います。「スペルを修正」と「大文字／小文字を変更」以外のアクションをまとめました。（図20）

【図20】テキスト編集グループ

○テキストを分割

「テキストを分割」アクションは条件に従って分割します。分解の条件には、改行や空白以外にテキストをすべて1文字ずつの分解ができます。

カスタム指定はカンマ (,) やクォーテーションとカンマ (","や',') で分割して1つ1つの内容にする場合などに便利でしょう。（図21）

【図21】テキストを分割する

分割した結果の形式はリスト(配列)で出力されますので「各項目を繰り返す」アクションで1要素ずつ処理するのにも使えます。

Lorel Ipsumというレイアウトによく使われるダミーテキストを入力して、空白で分割した結果を確認してみました。（図22）

> 🔲 何行か文章を入れてください で テキスト を要求 ⊙
>
> **デフォルトの回答**　　　　テキスト
>
> **複数行を許可**　　　　　　⬤
>
> 🔳 🔲 指定入力 を 空白 で分割
>
> 👁 🔳 テキストを分割 を Quick Look で表示
>
> Lorem
>
> ipsum
>
> dolor
>
> sit
>
> amet,

【図22】分割した結果を確認する

・Lorel Ipsum ジェネレーター

```
https://www.lipsum.com/
```

各単語ごとに分かれているのが確認できました。このように1つの文章を1つの条件で分割したいときに便利なアクションです。

○テキストを結合

結合するデータはリストで渡します。

「テキストを分割」と「テキストを結合」は相互の関係にありますので、テキストを分割した結果をそのまま結合すれば同じ内容が返ります。（図23）

【図23】テキストを結合する

結合の際に改行を挟むのはテキストファイルを作成する場合、空白を挟むのは1つの文章としてつなげる場合があります。

カスタムは特定の文字を挟む場合、例えばカンマ（,）を使ってCSVファイルを作ったり、コロン（:）で区切って何かのデータファイルを作ることもできるでしょう。

分割したテキストをそのまま「テキストを結合」アクションに渡して元の文章と同じようになるかを確認してみました。（図24）

無事、1つの文章としての形に戻っています。これは例として行っているので実用性はありません。

【図24】分割した内容を連結して確認したところ

実際に使う場合は複数行のテキストファイルを改行で分割してから、1行ずつ調べて新しいリストを構築、最後にそのリストを結合してテキストファイルとして出力といった使い方になるでしょう。

○テキストを置き換え

「テキストを置き換え」アクションは指定した条件に合致したテキストをパラメータとして与えたテキストへ置き換えます。そのままでは特定のテキストを指定したテキストに書き換えるだけですが、「正規表現」をONにすると検索文字列に正規表現が使えます。(図25)

【図25】テキストを置き換えで入力したテキストを書き換える

ショートカットの正規表現は、ICU（UNICODEと国際化サポートライブラリ）の正規表現をベースにしているので、使える記法や文字について厳密に知りたい場合はサイトを確認してください。

・Guide
  https://unicode-org.github.io/icu/userguide/

・ICU Regular Expressions
  https://unicode-org.github.io/icu/userguide/strings/regexp.html

正規表現で検索すると出てくる内容 ([0-9]*といった記法) は使えますので、思った通りに動かない場合に調べてみるといいでしょう。

例として、数字＋ch（またはCH）と入力すると数字＋trと置き換えるショートカットを大文字小文字の区別あり・なしで試してみました。(図26)（図27）

どちらも「2CH」と入力していますが区別ありでは入力したそのまま、区別なしでは意図通り「2tr」に変換されています。このように正規表現のほかに条件が追加されることに注意してください。

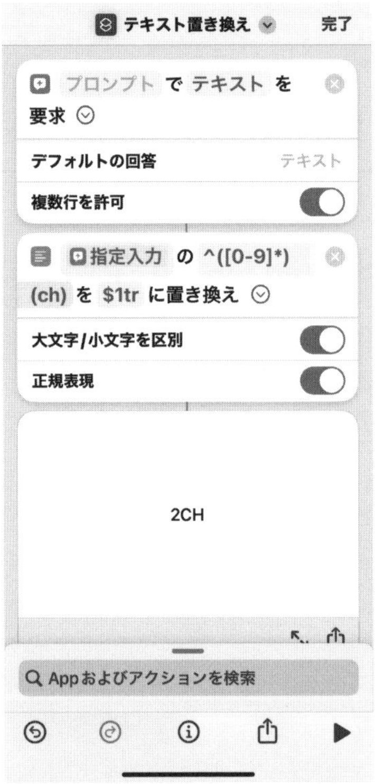

【図26】正規表現で大文字小文字区別あり
で試したところ

【図27】正規表現で大文字小文字区別なし
で試したところ

○一致するテキスト／一致したテキストからグループを取得

テキストを置き換えは完全に置き換えて
しまうアクションでしたが、「一致するテ
キスト」アクションは指定した条件に合致
するテキストを抜き出します。抜き出した
結果をリストで受け取ります。（図28）

この例では「.{3}(.{2})」（3文字飛んで
2文字分）と「.{5}(.{3})」（5文字飛んで
3文字）の2つのブロックにマッチするリ
ストが生成されます。1つめは"34"と"gh"で、
2つめは"abc"と"nop"になりました。

このように探す条件によってリストが複

【図28】正規表現で一致する部分を抜き出す

数になることがありますので、最初だけ、2つめだけと指定したいときに「一致したテキストからグループを取得」アクションを使います。（図29）

このショートカットを実行するとクイックルックアクションで"abc"と"nop"が表示されました。2つの条件があったのでリストも2つ作られているということです。使う場所は限られるかも知れませんが、こうした少し複雑なアクションもあるということを覚えておいてください。

【図29】一致するテキストの結果から2番目のリストを取得する

4

ログファイルを分解する

iOSではいろいろな機能ごとにログファイルを保存しています。「プライバシーとセキュリティ」の「解析と改善」から確認できます。（図30）

【図30】プライバシーとセキュリティ

「解析と改善」にはいろいろな情報を共有するかどうかの設定がまとまっています。自分のiPhoneの情報を収集するためには「iPhone解析を共有」をONにしてしばらく放置します。実験的にONにして、数日経ったらOFFにしてもいいでしょう。（図31）

iOS15以前では情報ごとに独立したファイルで記録していたようですが、この本のターゲットであるiOS16以降では「Analystics-」で始まるログに記録されています。（図32）

ログファイルはアルファベット順に並んでいるので、Aで始まるファイルが表示されますが、スクロールしていくとアプリのログファイルなども出てきます。この辺りは手元の端末で確認してください。

【図31】iPhone解析を共有の解析データ

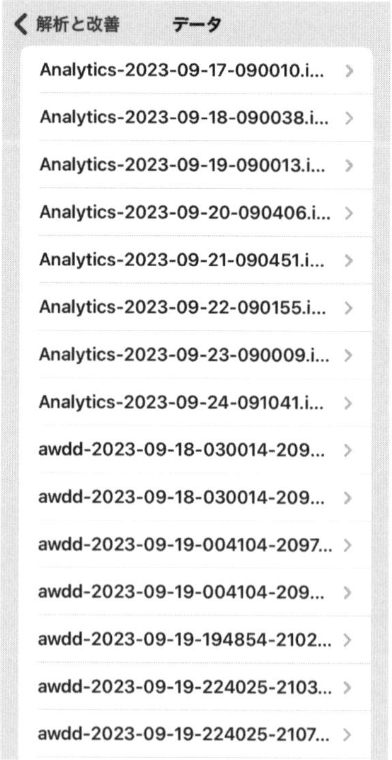

【図32】ログ一覧

○ログの中身を確認する

「Analytics-」で始まるログの中身を確認してみましょう。誌面の写真は見づらいかも知れません。iPhoneの端末ではギリギリ読める大きさなのでそちらで確認してください。（図33）

　なにやら文字がいろいろと書いてあるのが見えます。これだけだとよくわからないので、先頭5行を確認するショートカットです。（図34）

❮ Analytics-2023-09-24-0910...

{"bug_type":"211","timestamp":"2023-09-24 09:10:00.00
+0900","os_version":"iPhone OS 16.6.1
(20G81)","roots_installed":0,"incident_id":"5DF711AD-
BF5A-4BD2-9D68-2F769A83B41F"}
{"_marker":"<metadata>","_preferredUserInterfaceLanguage":"ja-
JP","_userInterfaceLanguage":"ja","_userSetRegionFormat":"JP","basebandChi
pset":"ice18","basebandFirmwareVersion":"5.03.01","configDbVersion":4,"confi
gParentUuid":"0d53f283-8cea-4bbc-a2ee-
d919e29572d6","configUuid":"53493042-3556-4bb5-8fab-1b0b9f7a7d69","c
urrentCountry":"Japan","deviceCapacity":256,"dramSize":3.0,"homeCarrierBun
dleVersion":"54.0.2","homeCarrierCountry":"Japan","homeCarrierName":"DoCo
Mo
JP","isDualSim":true,"market":"MarketNA","rolloverReason":"scheduled","servi
ngCarrierName":"DoCoMo
JP","startTimestamp":"2023-09-23T00:00:00Z","stateDbType":"sqlite","state
DbVersion":3,"trialExperiments":"0","trialRollouts":"2","version":"2.4"}
{"deviceId":"dee33afd16e29bc05fae8ab449c8b82e60348bbd","message":
{"Count":1,"bucketed_isOwnerUser":0,"bucketed_isPrimaryResident":0,"bucket
ed_numAccessories":0,"bucketed_numCapableSiriEndpointAccessories":0,"buc
keted_numEnabledSiriEndpointAccessories":0,"bucketed_numHAPAccessories"
:0,"bucketed_numHomePodMinis":0,"bucketed_numHomePods":0,"bucketed_n
umUsers":1,"homeCreationCohortWeek":13},"name":"SidekickAdoptionV2","sa
mpling":50.0,"uuid":"0118cc97-4a39-498c-8609-d22dba89bb4a_2"}
{"deviceId":"f5c7a8da401d38edce9e49258c81c271e72a310a","message":
{"Count":1,"bug_type":"211","error":null,"saved":1},"name":"LogWritingUsage",
"sampling":100.0,"uuid":"04df0e6c-25dd-4bf7-a534-3b58099e5c15_3"}
{"deviceId":"f5c7a8da401d38edce9e49258c81c271e72a310a","message":
{"Count":1,"bug_type":"309","error":null,"saved":1},"name":"LogWritingUsage"
,"sampling":100.0,"uuid":"04df0e6c-25dd-4bf7-a534-3b58099e5c15_3"}
{"deviceId":"f5c7a8da401d38edce9e49258c81c271e72a310a","message":
{"Count":2,"bug_type":"225","error":null,"saved":1},"name":"LogWritingUsage
","sampling":100.0,"uuid":"04df0e6c-25dd-4bf7-a534-3b58099e5c15_3"}
{"deviceId":"f5c7a8da401d38edce9e49258c81c271e72a310a","message":
{"Count":6,"bug_type":"298","error":null,"saved":1},"name":"LogWritingUsage
","sampling":100.0,"uuid":"04df0e6c-25dd-4bf7-a534-3b58099e5c15_3"}
{"deviceId":"f5c7a8da401d38edce9e49258c81c271e72a310a","message":
{"Count":13,"bug_type":"313","error":null,"saved":1},"name":"LogWritingUsag
e","sampling":100.0,"uuid":"04df0e6c-25dd-4bf7-a534-3b58099e5c15_3"}
{"deviceId":"3115e9881ba7819336034a2a9fde6b1ba4979c76","message":
{"Count":1,"last_value_AlgoChemID":6177,"last_value_AppleRawMaxCapacity":
2588,"last_value_AverageTemperature":25,"last_value_BatteryHealthMetric":1
94,"last_value_BatterySerialChanged":false,"last_value_ChemID":6177,"last_va
lue_ChemicalWeightedRa":161,"last_value_CycleCount":978,"last_value_Cycle
CountLastQmax":1,"last_value_DOFU":null,"last_value_DailyMaxSoc":89,"last_
value_DailyMinSoc":28,"last_value_Flags":256,"last_value_FlashWriteCount":2
591,"last_value_GGUpdateStatus":null,"last_value_GasGaugeFirmwareVersion":
1553,"last_value_HighAvgCurrentLastRun":-1100,"last_value_ITMiscStatus":45
96,"last_value_KioskModeHighSocDays":0,"last_value_KioskModeHighSocSeco
nds":0,"last_value_KioskModeLastHighSocHours":4,"last_value_LastUPOTimes
tamp":0.0,"last_value_LifetimeUPOCount":0,"last_value_LowAvgCurrentLastRu
n":-52,"last_value_MaximumCapacityPercent":84,"last_value_MaximumCharge
Current":3028,"last_value_MaximumDeltaVoltage":50,"last_value_MaximumDis
chargeCurrent":-3732,"last_value_MaximumFCC":3061,"last_value_MaximumO
verChargedCapacity":284,"last_value_MaximumOverDischargedCapacity":-99,
"last_value_MaximumPackVoltage":4352,"last_value_MaximumQmax":3092,"la
st_value_MaximumRa0_8":296,"last_value_MaximumRa8":257,"last_value_Max
imumTemperature":445,"last_value_MinimumDeltaVoltage":2,"last_value_Mini
mumFCC":2310,"last_value_MinimumPackVoltage":3086,"last_value_Minimum
Qmax":2613,"last_value_MinimumRa0_8":65,"last_value_MinimumRa8":69,"las
t_value_MinimumTemperature":53,"last_value_NCCMax":0,"last_value_NCCMin
":0,"last_value_NominalChargeCapacity":2576,"last_value_OriginalBattery":1,"l
ast_value_QmaxCell0":2712,"last_value_QmaxUpdFailCount":45939,"last_value
_QmaxUpdSuccessCount":878,"last_value_RDISCnt":144,"last_value_RSS":101,
"last_value_RaTable_1":157,"last_value_RaTable_10":175,"last_value_RaTable_11
":174,"last_value_RaTable_12":231,"last_value_RaTable_13":319,"last_value_Ra

【図33】ログの中身を確認する

🔘 ログビューア ⌄　　　　完了

↪ 共有シート から イメージ、その他18個 の入力を受け取る
もし入力がない場合:
続ける

🔢 ↪ ショートカットの入力 の名前を ログ.txt に設定 ❯

📄 🔢 名称変更された項目 から テキストを取得

📄 📄 テキスト を 改行 で分割

🔁 📄 テキストを分割 の各項目を繰り返す

🔲 もし
🔢 繰り返しインデックス が が次と等しい 6 ならば

　◻ このショートカットを停止

🔲 If文の終了

👁 🔁 繰り返し項目 を Quick Lookで表示

🔁 繰り返しの終了

**【図34】ログの先頭5行を確認する
ショートカット**

　このショートカットは単体では使えませんので、ショートカット編集画面下のメニューにある①をタップして出てくる設定画面で「共有シートに表示」をONにする必要があります。（図35）

　これでログの中身を確認する画面から共有（図31の右上）をタップすれば、このショートカットが呼び出されます。（図36）

　ログを共有すればファイルとして受け取ることができるのですが、ショートカットは拡張子からファイルの種類を判別しているようです。そこで入力されているファイルをテキストであると認識させるため、入力ファイルのファイル名を「ログ.txt」に変更しています。
　これで「入力からテキストを取得」アクションがうまく動くようになり、ログファイルをテキストファイルとして読み込んで処理できるようになりました。

【図35】共有シートに表示する設定

【図36】ログの共有シートに表示される

○ログ解析の手がかりを探す

　あとは1行ずつ読み込んでその行にどのような情報があるかを調べていく必要があります。ファイル自体はテキストですから、「テキストを分割」アクションを使って「改行」で分割します。
　その後は分割したテキストを「項目を繰り返す」アクションで1行ずつ調

べていくのが基本になるでしょう。
（図37）

繰り返し項目は1行のテキスト
ですから、「一致するテキスト」
アクションで抜き出したいテキス
トの一部を入れて調べます。
「If文」アクションの条件を「任
意の値」にしておけば、「一致し
た内容がある行」ということにな
りますので、必要な処理をこの中
に追加していきます。「値がない」
にすると合致していない場合の処理が行えます。

【図37】欲しい情報があるかどうかを調べる

必要な行を見つけたら、その行を辞書やリストとして扱えば、中のデータ
も取り出しやすくなります。

アプリの呼び出し

次に他のショートカットやアプリを呼び
出すアクションを使って、ただアプリを呼
び出すだけのショートカットを紹介します。
これは「Appを開く」アクションでアプリ
を呼び出すだけです。（図38）

インストールされているアプリならば、
選んで設定するだけでどのアプリでも起動
できます。（図39）

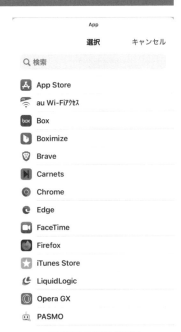

【図39】アプリの選択

【図38】アプリを開くショートカット全体図

今回は「Brave」を指定しました。Braveは広告ブロッカーが入ったWebブラウザです。広告が気になるなど、Chrome以外でいいブラウザを探している方ににもおすすめです。

アプリを指定したら、次はホーム画面に置きましょう。画面下メニューから共有⬆を選んで「ホーム画面に追加」選びます。（図40）

【図40】アイコン設定

名前はショートカットの名前が使われます。この例では「Chrome」としていますが、動作含め大体間違ってないのでこのままにします。

アイコンはそのままだとショートカットのアイコンの単色のものが使われます。変更はショートカットの編集メニュー「アイコンを選択」です。

【図41】抜き出してきたアイコン

偶然、手元に別アプリから抜き出したアイコンがありますので、そのアイコンに差し替えて実際にホーム画面に追加してみました。（図41）（図42）

あとはこのアイコンをタップすれば、Braveが起動します。

【図42】アイコンを変えていないものと変えているもの

アプリ呼び出しショートカットの改造例

　さて、これだけだとショートカットを作ってみただけで終わってしまいますので、もう少しどうにかならないかとがんばってみましょう。

　タップされたら文字入力してもらい、それが合致していたらアプリを起動するようにしてみるといいかもしれません。(何のアプリ…とは言いませんが、人に見られたくないものがあるようならなおさら…)

　実行すると暗証番号を入力するようダイアログが開き、そこに入力された番号が正しければ次へ進める、この場合はアプリを起動します。(図43)(図44)

【図43】暗証番号入力させる

【図44】暗証番号が合ってれば起動

　正しくなければそのまま終了します。この例ではショートカット編集画面から▶を押して起動していますので編集画面に戻っていますが、ホーム画面から起動すればホーム画面に戻ります。（図45）（図46）

　場合によってはメッセージなどを出してもいいかもしれませんが、起動してほしくないので暗証番号を入力させるわけですし、そのまま終了したほうがいいでしょう。

【図45】違う暗証番号を入力

【図46】暗証番号が合っていなければ終了して編集画面に戻る

○改造する

　この流れに改造するには「テキスト」「テキストを要求」「If文」の3種類のアクションを追加します。（図47）

　まず、テキストアクションに正解の暗証番号を設定しておきます。この番号は素のまま入っていますので、このショートカットを見られてしまうと番号はバレます。（図48）

【図47】改造に使うアクション

【図48】暗証番号を設定する

4

　次に暗証番号を入力してもらう準備をしましょう。4桁入力すればいいので複数行はOFFです。デフォルトの番号を書いてもいいですが、いちいち消して入力するのは面倒なので空欄にします。

　あとは「コードを入力」とか「暗証番号を入れてください」など、適当なメッセージを登録しておきます。（図49）

　最後は入力された内容と保存してある暗証番号を照合して、合っているかどうかをチェックします。

　合っていれば「Appを開く」アクションを起動して、合っていなければ「このショートカットを終了」アクションを使ってショートカットを強制終了しましょう。（図50）

　当初の挙動で動かすためにIf文のすぐ下に「Appを開く」アクションを追加します。If文のすぐ下は条件通りのとき、「その他の場合」の下は条件通りではないときなので、条件に合致しないときは何もしません。

【図49】文字列を要求の設定を行う

【図50】If文の内容を設定する

これで、このショートカットは「起動時に暗証番号がないと起動できないアプリ」になりました。（図51）

暗証番号の入力が画面ロックとは違い、入力した番号が表示されますが、あまり手間をかけずにこのように起動しづらい加工ができます。

【図51】 改造済みショートカット

4

○暗証番号をわかりづらくする

暗証番号を生で入力しておくのが気になるという方は、暗証番号は加工して保存しておいて、入力された暗証番号を加工して保存したデータと照合するようにします。

まず、入力のあとに「クイックルック」アクションを追加します。これで入力された内容をすぐに確認できるようになりました。（図52）

【図52】 クイックルックを追加する

次にクイックルックアクションの下に「Base64でエンコード」アクションともう1つクイックルックを追加します。Base64エンコードはバイナリファイル（人間ではなくiPhoneなどが直接理解するタイプのファイル）をテキストに変換するアクションです。（図53）

作業中のショートカットにアクションを追加すると必ず一番下になりますので、入れたい場所までドラッグするか、追加したアクションをコピーして削除、その後アクションメニュー「上（下）にペースト」を使って追加する位置を調整してください。

```
📄 テキスト                    ⊗

1126


⌨ 4桁コードを入力 で テキス   ⊗
ト を要求 ⊙

👁 ⌨ 指定入力 を Quick Look   ⊗
で表示

⌨ 指定入力 を base64 で      ⊗
エンコード ⊙

行区切り                   なし

👁 ⌨ Base64 エンコード を      ⊗
Quick Look で表示
```

【図53】クイックルックの上にBase64エンコードとクイックルックを追加

○暗証番号を確かめる

それでは、どのように暗証番号を処理するか確かめるためにショートカットを起動してください。次に自分が暗証番号にしたい数字を入力します。

4129 ⌄   完了

4129

入力した数値

入力した番号→Base64エンコードされた暗証番号の順で表示されます。2つめに表示されているテキストをコピーしましょう。（図54）

4129 ⌄   完了

NDEyOQ==

Base64エンコードした数値

【図54】Base64エンコードされている暗証番号が表示される

コピーした暗証番号をテキストアクションに上書きでペーストして、If文の判定内容を「指定入力」から「Base64エンコード」に変更してください。クイックルックアクションも不要になりますので削除してください。（図55）

これでショートカットを開いただけでは暗証番号がわからないように改造できました。詳しい人が中身を見ればBase64エンコードしていることがバレてしまいますが、ぱっと見わからないと思います。ただし、あまり重要なアプリのロックには使わないほうがいいかもしれません。

【図55】新しい暗証番号を設定して判定条件を変更する

iCloudの利用

iCloudを使うことで、自分が作ったショートカットを配布できます。ショートカットをロングタップするか、編集画面下にある🔼をタップすると共有画面になります。その中にある「iCloudリンクをコピー」をタップすることでiCloudリンクが作成されます。（図56）

【図56】iCloudリンクを作成

リンクはhttps://www.icloud.com/shortcuts/で始まるURLです。以下のURLは実際にリンク共有で作ったURLになります。

```
https://www.icloud.com/shortcuts/7aa13823360c44c59fa6b4e93b627a4c
```

iCloudへのバックアップ

　自分が作ったショートカットのiCloudへのバックアップも可能です。

　AppleIDにあるiCloudから「iCloudを使用しているApp」設定でバックアップのON ／ OFFができます。（図57）（図58）

　本体アプリを消してもiCloudにバックアップしてあれば、再度アプリをインストールすることでショートカットは復活します。ただし、バックアップの有無に関わらずアプリ内のリストから削除した時点で消えますので、注意してください。

【図57】AppleIDのiCloud

【図58】iCloudでバックアップしてる内容

まとめ

　ショートカットやアクションといった言葉の意味とショートカットの編集についてぼんやりでもわかってもらえれば、まずはこの章での目的が達成できたということになります。

　ショートカットの編集方法はiOSでおなじみのものが多いので、普段からiOSを使っている人にとっては特にわかりづらいことはないかと思います。
　むしろ、文章での説明よりも実際にショートカットアプリを使ってもらった方が理解も早いのではないかと思います。

　当初考えていたよりも、実際に触っているとショートカットは意外とやれることが多いんだということがわかりましたので、この本を読んでいる方もできればiOSなどで自分で実際にショートカットを作ってみてください。

　このあとの章ではショートカットというプログラム環境で何かを作るときにどうするかという話を解説していきます。また、iPhone単体のショートカットだけでなく、外部サービスと連携させる方法も紹介します。

4

パスワード生成器 Ver.1

5

パスワード生成器Ver.1

いくつかのショートカットを見てきたので、多少なりともショートカットがどういう形で作られているかはわかったでしょうか。

次はパスワード生成器を題材にして1から作ってみます。

パスワード生成器Ver.1の概要

パスワードの生成と保存は自動入力も含めて、ChromeなどWebブラウザの基本機能として実装されています。（2023年現在）

基本的にはWebサイトのユーザー登録といったフォーム入力に対してパスワード生成と保存を行う機能です。この機能ではパスワードを生成できてもコピーできなかったりして、生成だけするには多少の工夫が必要です。

そこで、まずはパスワード生成するだけのツールをショートカットの実例として作っていきます。

処理の詳細

大まかな内容は、以下の通りです。

文字種は英大文字(A-Z)／小文字(a-z)／数字(0-9)の3種類、計62文字
8文字のパスワードを生成
ダイアログで生成されたパスワードを表示

62文字の中から1文字を選ぶ作業を8回行って、それを最後に表示するという流れになりますが、その流れをショートカットとして実装するときにどういったアクションを選択するかなどを解説します。

まずは新規ショートカットを作るところからはじめます。

ショートカット作成の流れ

本体アプリのライブラリ画面右上にある＋をタップして新規ショートカットを作成します。（図1）

このショートカットに名前をつけましょう。⊙をタップするとメニューが出ますので名称変更を選びます。（図2）

名前は何でも構いませんが、今回はSiriで呼び出しやすそうな名前として「パスワード作れ」にしました。できれば、わかりやすい／口に出しても恥ずかしくない／自分が覚えやすいものがいいでしょう。（図3）

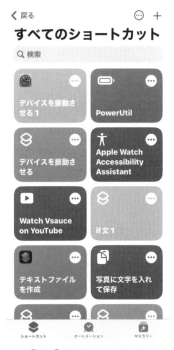

【図1】新規ショートカット

5

【図2】設定メニューから名称変更を選ぶ

【図3】ショートカットの名前をつける

アクションの配置

それでは、このショートカットにもアクションを配置していきましょう。利用するテキストを変数に設定したいので、「Appおよびアクションを検索」に「変数」と入力して「変数を設定」を探します。（図4）（図5）

このようにアクションは名前の一部やキーワードで検索できます。アクションはカテゴリ分けされているため、一見探しやすそうなのですが、実際は結構な数があるので探すのが大変です。そのアクションのカテゴリなどがわからないうちは、検索で探す方がいいでしょう。

【図4】追加するアクションを検索する

【図5】アクションの検索

　検索結果に「変数を設定」が見つかったら、それをタップしてアクションを設定します。（図6）

　毎回探すのはめんどうなので、よく使いそうなアクションは検索結果から「よく使うアクション」として登録しましょう。アクションの左側をタップするとアクションのメニューが表示されますので「よく使うアクション」をタップします。（図7）

　これでアクション選択にある「よく使うアクション」にまとめられるので探しやすくなります。（図8）

【図6】変数に関するアクションを検索

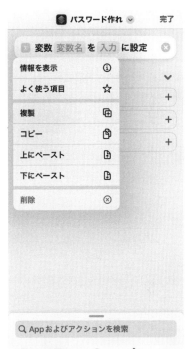

【図7】よく使う項目に登録する

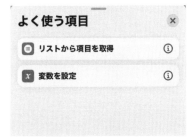

【図8】よく使う項目に登録された

変数への代入

次に変数を利用するために変数の名前（変数名）とその変数へ代入する内容「入力」を設定します。（図9）

変数の内容を設定することを「代入」と呼びます。数学の代入と同じような意味と考えてください。

変数名は「英数」に設定しました。

次に変数へ代入する内容は「入力」で指定します。指定できる内容はクリップボードの中身だったり、他のショートカットの実行結果、日時やデバイス情報などです。（図10）

【図9】パスワード作れの原型

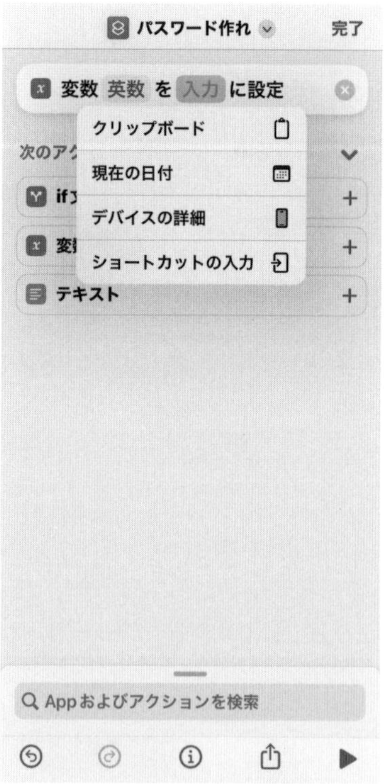

【図10】変数名を英数に設定した

今回は英数文字を登録したいので図10にある指定は利用できません。そこで、英数文字を入力できるアクションを利用します。

「変数を設定」でアクションを検索して登録しました。これと同じように「テキスト」アクションを検索するか「次のアクションの提案」から選んで登録しましょう。（図11）

そのまま登録すると「テキスト」アクションが「変数に設定」アクションの後に登録されます。これでは順番がおかしいので位置を入れ替えます。

どちらかのアクションをしばらくタップすると移動できるようにアクションが少し浮き上がりますので、そのまま上下

【図11】テキストアクションを登録する

【図12】アクションが浮いて上のアクションと重なったら入れ替えられる

【図13】アクションを入れ替えた

5

どちらか入れ替わる方向にドラッグします。（図12）（図13）

　もう１つの方法は、アクションメニューから「コピー」を選んでもう一方のアクションメニューから「上にペースト」または「下にペースト」を選びます。そのあとコピーしたアクションを削除します。（図14）

「テキスト」アクションが上に移動したら、「変数に設定」アクションの「入力」をタップします。新しい項目「変数を選択」が増えていますので、これを選びます。（図15）

　マジック変数を選択する画面に変わりま

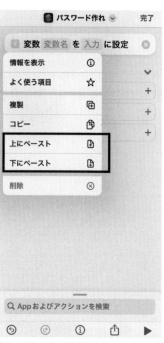

【図14】「コピー」と「上（下）にペースト」を使って入れ替え

【図15】変数を選択する

【図16】マジック変数でパラメータを指定する

す。（図16）

　マジック変数は各アクションの出力を扱う特別な変数です。アクションへパラメータを指定する場合に利用できます。

　今回は「テキスト」アクションの出力を選択します。（図17）

　「テキスト」アクションに設定した内容が変数「英数」に設定できるようになりましたので「テキスト」アクションに文字を追加していきます。（図18）（図19）

　これで「テキスト」アクションの内容が変数に設定できました。

【図17】マジック変数でテキストを設定した

【図18】テキストにパスワード用の文字を入力する

【図19】テキストに英数文字を入力した

5

95

パスワード生成テスト

　次は本体を作っていきます。アクションの組み立てをどのようにするか考えてみます。

　パスワードに使う62文字からランダムに1文字抜き出すときにテキストの操作をすればいいのですが、乱数を生成する方法とテキストの任意の位置から1文字抜き出すアクションがありません。

　そこで、テキストをバラバラにして扱うためにリストを使います。リストは複数の要素をまとめて扱うデータ形式です。
「テキストを分割」アクションを使うとテキストからリストに変換できます。分割する条件は複数ありますが「1文字ごと」が今回の条件に合っていますので、これを選びます。（図20）（図21）

【図20】テキストを分割アクションを検索

【図21】テキストを分割の分割条件

　実際に分割されている内容を確認するために「クイックルック」を使いましょう。クイックルックは他のアクションの結果を表示するためのアクションでデバッグなどにも使えます。（図22）（図23）

【図22】クイックルックを検索

【図23】1文字ごとに分割した内容を
クイックルックに入力

5

　リストから取り出すには「リストから項目を取得」アクションを使います。このアクションは指定した位置の内容を取り出せます。取り出し位置の指定は複数ありますが、今回は「ランダム項目」を使います。（図24）（図25）

【図24】リストから項目を取得する

【図25】項目を取得の設定

複数回実行する

　ここまででリストからランダムに1文字取り出すショートカットができました。しかし、パスワードには8文字必要になりますので、同じような処理をあと7回繰り返す必要があります。

　例えコピー&ペーストでも7回もペーストするのはめんどうですので、「繰り返す」アクションを使いましょう。図では「繰り返し」と入力していますが、アクションは「繰り返す」になっています。意味的に一緒なので候補にあげてくれたということでしょう。(図26)

　追加直後は「1回」になっています。回数をタップすると−と＋が表示されますので＋をタップして8回にしてください。(図27)

【図26】「繰り返す」アクションを検索

【図27】繰り返し回数は増減できる

「繰り返しの終了」アクションは「繰り返す」アクションとセットなので勝手に入ります。自分で入れる必要はありません。

　繰り返し回数を8回にしたら、次は「リストから項目を取得」を「繰り返す」の下に移動します。そうしないと8回何もしないことになりますので注意しましょう。（図28）（図29）

【図28】繰り返し回数を8回にした

【図29】項目を取得アクションの位置を移動した

パスワード生成器の仕上げ

　これで8文字分のデータが生成されました。

　しかし、現状ではランダムに取り出した文字が繰り返しの結果として存在しているだけでそのままでは使えません。

　保存されている内容を「テキストを結合」アクションでテキストに変換しましょう。

「繰り返しの終了」の下に「テキストを結合」アクションを追加しましょう。（図30）

　アクションを設定すると自動的に「繰り返しの結果」が登録されますが、これが「マジック変数」です。先ほど「テキスト」アクションの出力を使う説明では手動で選択していましたが、アクションの流れによってはこのように自動的に設定されます。（図31）

【図30】「テキストを結合」を追加する

【図31】結合条件の設定

ただ、「そうじゃないんだよな」ということも多いので、そういう場合はパラメータをロングタップして「変数を削除」を選んでから、自分で選択し直しましょう。

この内容で実行したら、以下のようになりました。（図32）

vj4t1ykA

【図32】結合した結果

無事8文字で英数混在のテキストが生成されました。

まとめ

これで初めてのショートカット「パスワード生成器」ができました。簡単だったでしょうか？　難しかったでしょうか？

ショートカットの全体はこうなりました。（図33）

今回のショートカットの流れはまとめると以下のようになります。

【図33】Ver.1 全体図

①テキストを分割してリスト化

　元になるテキストは「テキスト」アクションを使って記述しておき、それを「テキストを分割」アクションでリスト化します。

②リストからランダムで必要な文字数分取り出す

「リストから項目を取得」アクションで取り出す要素をランダム指定することで、そのリストのサイズ内でランダムな要素を取り出します。

　取り出した内容はリストに追加していきました。

③取り出した文字をテキスト化

　取り出した内容を「テキストを結合」アクションを使って1つのテキストにします。

　テキストを結合するときに間に挟むテキストは「なし」にします。ここに文字を指定するとその文字が挟み込まれます。

④生成したパスワードを表示

　結合したテキストを「結果を表示」アクションで表示します。

5

　今回は基本となる機能だけなので、何か欲しいと思う機能を自分で改造してみてもいいでしょう。

　次は機能追加をしていきます。保存機能や使う文字種を選択できるようなものに改造していきます。

パスワード生成器 Ver.2

パスワード生成器Ver.2

Ver.1は基本機能を実装しました。

当初の目的は達成しているのですが、まだもう少しどうにかしていきたいところです。

ここでは、Ver.2にするための機能追加とショートカット同士の連係を説明していきます。

パスワード生成器Ver.2の概要

Ver.2ではVer.1に次のような機能を追加していきます。

> 文字種に記号(!#$%&@_-=^)を加えて4種類に変更
>
> 利用する文字種の選択
>
> パスワードの長さは4〜32文字の範囲で可変
>
> 生成したパスワードはクリップボードにコピー/メモ帳に保存

文字種の追加と選択

まずは、文字種の部分を変更しましょう。

ちょっと昔話になりますが、以前はパスワードに使われる文字は割と軽視されていました。種類は英小文字と数字だけだったり、内容も1234やaaaa、passwordなど割と適当な文字で構成されていました。

現在のようにネット環境やスマホが当たり前になってくると、このような簡単なパスワードは漏洩やクラッキングなどの被害にあいやすく、不正アクセスも問題となってきています。

もう少し複雑なパスワードを作るために複数の文字種を使うこと、頻繁なパスワード変更をすることといった、わりとめんどうな話が出てくるようになりました。

Ver.1でも人間が考えるよりは多少ましなパスワードが作れましたが、さらに記号を追加して、パスワードの強度を上げます。

そして、テキストアクション1つに全文字種を登録していたものを文字種リストから選択できる形式に変更します。

文字種を「リスト」アクションで登録して「リストから選択」アクションに渡します。（図1）

今回は「複数選択」と「すべて選択」を選んでおきます。こうすることでチェックしてある文字種がパスワードの生成に使われます。（図2）

【図1】文字種をリストから選択するように修正

【図2】リストから選択の設定画面

　ここで何も選択せずに「完了」を選べ
ば、パスワードの生成にはすべての文字
種を使います。記号のチェックを外せば
アルファベットと数字だけ、小文字の
チェックをはずせば、大文字数字記号で
パスワードなど、生成したい内容を設定
できます。(図3)

　これで、Ver.2では単純なパスワード
から複雑なパスワードまで対応できるよ
うになりました。

【図3】起動したときのリスト選択画面

選択された項目を処理する

「リストから選択」アクションの結果は
「各項目を繰り返す」アクションで処理
できます。チェックがついた内容が結果
として返ります。
　実際にどのような挙動なのかを確認す
るために「各項目を繰り返す」アクショ
ンに「クイックルック」アクションを置
いて確認してみましょう。(図4)(図5)

【図4】各項目を繰り返すを追加して
選択肢を確認する

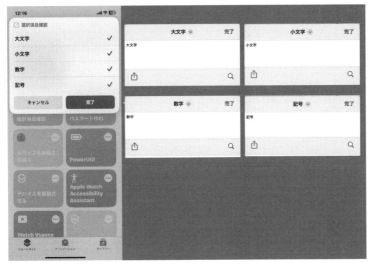

【図5】各項目が表示される

　繰り返しで取り出される結果が確認でき
たでしょうか。この結果にしたがって必要
な文字種テキストを変数にセットしていき
ます。（図6）

「変数を設定」アクションを追加して、一
番上に移動させます。
「コピー」してから、一番上のアクション
で「上にペースト」か、ドラッグして一番
上に移動してください。

【図6】ベースにする変数を用意する

6

　次は「各項目を繰り返す」アクションでこの変数に文字列を追加します。選択されている項目を「if文」アクションで調べていきます。次のような流れになります。（図7）（図8）（図9）（図10）

【図7】大文字か調べて変数へ文字列を追加

【図8】小文字か調べて変数へ文字列を追加

【図9】数字か調べて変数へ文字列を追加

【図10】記号か調べて変数へ文字列を追加

これでパスワードに使う文字種を自由に選べるようになりました。あとはテキストを1文字ずつに分割すれば、準備完了です。（図11）

【図11】テキストを1文字ごとに分割

パスワードの長さを設定

Ver.1では処理の簡素化やわかりやすさなどいくつかの理由から8文字に決めていました。Ver.2では4〜32文字の範囲で設定できるようにしましょう。

4文字や6文字は暗証番号、それ以上の長さはパスワードといった具合に使いやすい長さがあるので可変の方がいいでしょう。

文字の入力には「入力の要求」アクションで行います。（図12）

このアクションは文字全般だけでなく、数字にのみに固定できるので、入力された文字のチェックが不要です。

数値入力にした場合、小数点や負の数（マイナス値）スイッチがありますが、不要なのでどちらもOFFにしておきます。

初期値（デフォルト値）は変数を指定します。こうしておくことにより、何もしな

【図12】パスワードの長さ入力

ければ「テキスト」アクションにデフォルトとして入力した文字数（今回は 8）が設定されます。あとは文字数の変更でいつでも長さを指定できます。

プロンプトは入力待ちの際のメッセージで「パスワードの長さ（4〜32）」など、意味がわかる範囲で短めの文言と文字数の範囲を書きましょう。（図13）

アクションが実行されると初期値がダイアログに表示されて入力待ちになります。（図14）

入力された内容が4≦入力内容≦32に収まっているかを調べます。範囲外ならばデフォルトの値が使われます。（図15）

【図13】入力の要求アクションの設定

【図14】入力待ち

【図15】
範囲チェックして範囲外ならデフォルト

「入力の要求」アクションで入力された内容は「繰り返す」アクションの回数として使います。デフォルトでは回数の増減しかできませんので、入力された内容を指定する方法が必要になります。

回数の部分をロングタップするとメニューから「変数を選択」をタップします。（図16）

画面最上部に「マジック変数を選択」と表示されて、変数の選択状態になりますので、設定したい変数をタップします。

ここでは「変数を設定」アクションのマジック変数を指定していますが、変数「回数」と同じ内容となります。（図17）

図17の変数「回数」は「If」アクションの内部にあります。入力された内容をチェックしてパスワードの長さを確定させて代入しているのでここを指定していますが、この「If」アクションの条件に合致しなかった場合はデフォルトの値（「テキスト」アクションに設定している8）になります。

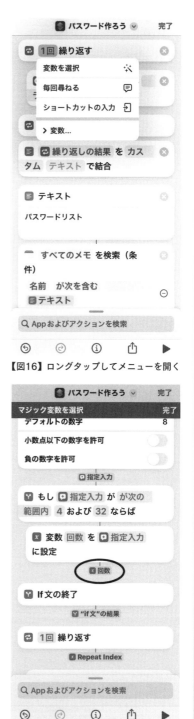

【図16】ロングタップしてメニューを開く

【図17】変数指定を選択する

6

パスワード生成処理

　パスワードの長さ分ループするようになりましたが、パスワードの生成方法は変わりません。文字リストの中身をランダムに取り出して変数に追加、ループが終わったらその内容をテキストとして連結します。（図18）

　これでVer.2についての拡張はほぼ終わりました。次は生成したパスワードを保存することで、より使いやすくする拡張をしていきます。

&dNoxYVCR%LGWz<Y

【図18】パスワード生成内容

パスワードの保存

　Ver.1では作ったパスワードは表示するだけで終わっていました。これだとさすがに"パスワードを作った"という事実だけなので、あまりありがたくないですね。

　Ver.2は生成したパスワードをクリップボードへコピーして、さらにメモ帳にまとめることにしましょう。

クリップボードへコピー

クリップボードへのコピーは「クリップボードにコピー」アクションを使います。Apple製品間でのクリップボード共有であるHandoff機能を有効にしていれば、このアクションでコピーした内容を別端末に共有できます。

今回は場所「ローカルのみ」、有効期間は設定しませんでした。（図19）

【図19】クリップボード設定

メモ帳へまとめる

メモ帳にパスワードをまとめておく場合、いくつか処理が必要です。（図20）

保存用のメモを検索します。検索のときに検索のための情報が必要になりますので、ここではメモの名前を使っています。

後で変更しやすいようにテキストに『パスワードリスト』とメモのタイトルを登録しておきました。このテキストを検索条件に追加します。

検索結果はメモが存在するかしないかなので、その結果によって処理が変わってきます。

まず、保存用のメモがない場合は、先に

【図20】メモ帳へまとめる

共通タイトルをつけたメモを作成します。それから、作ったパスワードを追加します。

　保存用メモがあった場合は検索結果のメモにパスワードを追加します。

「メモを作成」アクションでは、フォルダの指定やメモをショートカット実行時に開くかを指定できますが、今回はどちらも使いません。

　フォルダを指定した場合は、追加するメモがどこのフォルダにあるかを確認してから書き込まないと違うメモに追加されますので注意しましょう。

　検索の際に「●フィルタを追加」からフォルダ名を指定しておけば、より安全にメモを検索できます。

　無事メモに追加されるとタイトルの下にパスワードが並びます。メモアプリからも確認できます。（図21）（図22）

く メモ　　　　　　　　　　　🖉 ⋯

パスワードリスト

UwF>G%L/ty7u/6Jj
ANs4n^uX
xitPY7HagSuSVZ63EL
_pVnt1&y
brCDMil6B&u^X<rG
&dNoxYVCR%LGWz<Y

【図21】メモ帳へ保存した結果　　　　【図22】メモアプリでメモを確認した

ショートカットの連携

Ver.2までの拡張はこれで一旦終わりです。

ここまでショートカットを編集してきて、どうだったでしょうか。大抵の
ショートカットは1つのファイルで完結するようになっていますが、それな
りの規模のショートカットを作ったり改造するのは結構大変ではないでしょ
うか。

ここでは、改造案として複数のショートカットを機能ごとに作り、組み合
わせて1つのショートカットのように動作させる方法を紹介します。

ショートカット入出力

各アクションへの入力に「ショート
カットの入力」があります。これは、
ショートカットの実行時に渡された内
容を指します。

アクションの入力に「ショートカッ
トの入力」を指定するとショートカッ
トの先頭に内容の入力アクションが追
加されます。（図23）

【図23】ショートカットの入力

6

入力内容については指定が可能になっています。（図24）

入力がなかった場合の動作も指定できます。（図25）

【図24】ショートカットの入力は
フィルタリングができる

【図25】入力がなかった場合の動作指定

　Ver.2で比較的短めの処理であるパスワードの長さの入力を切り取って
ショートカットを作ってその動作を確認してみましょう。

文字数入力を独立

新規ショートカットを作って、そこに「パスワードの長さを設定」で作った部分だけを入れます。（図26）

Ver.2では入力された内容が範囲外の場合はデフォルト値を使いました。その部分を独立させます。

デフォルト値の設定をしてもいいのですが、ここを少し変更して範囲外の値が入力されたときに再起動するように修正します。

「If」アクションで値が範囲外かを調べて、範囲外であると判定されたら「ショートカットの実行」アクションで自分自身を呼びます。（図27）

これで正しい範囲の値が入力されるまで入力が繰り返されます。

【図26】
文字数入力部分を新規ショートカット

【図27】ショートカットを実行

ショートカットをタップすると現在呼び出せるショートカットの一覧が出ますので、現在編集中のショートカットの名前をタップします。（図28）（図29）

これでショートカットを実行するとプライバシーの確認が出ますので、問題がなければ許可を選びます。「許可しない」を選べば、そこで終了します。（図30）

【図28】ショートカットを実行の準備

【図29】ショートカットの選択

【図30】プライバシーの確認

　許可したら、回数入力画面が出ますのでそのまま完了を押して結果を確認しましょう。（図31）（図32）

　このように「ショートカットの実行」アクションと「ショートカットの入力」アクションを使うと、すでに作ってある機能を部品として使い回せるようになります。

【図31】実行画面

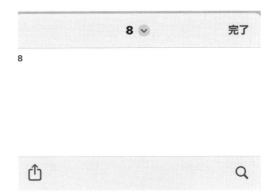

8

【図32】結果表示画面

まとめ

Ver.2に改造してみました。（図33）

　保存できるようにしたのでパスワード生成の意味が出たのではないでしょうか。まだパスワードの用途をメモできないので「このパスワードは〜のパスワード」と使った場所を覚えておかないといけません。
　ちょっと不便ですね。この辺りはVer.3の修正候補にしておきましょう。

　ショートカットからのショートカット呼び出しも便利な機能です。機能追加の試作を別のショートカットでしてから、本体から呼び出すこともできるようになりますので何か機能をつける際には部品化も検討してみましょう。

　Ver.2での改造で実用度も上がりましたが、もう少し機能追加してみます。

【図33】全体図

パスワード生成器 Ver.3

パスワード生成器Ver.3

　Ver.2ではパスワードはメモに保存していました。パスワードだけを保存する用途としてはいいのですが、パスワードの用途もメモできたほうが便利です。

　そこで、パスワードのみの保存ではなく名前をつけて保存できるようにします。また、メモではなくJSONというデータを扱う書式のテキストファイルに保存するよう変更します。

パスワード保存方法の変更

　保存方法を変更するということで、まずはメモに保存されているパスワードを新しい形式のJSONファイルに変換するツールを作ります。

　これがあれば、元になるメモを削除していなければいつでもメモから初期ファイルを生成できます。またVer.3に付随するツールをこのあといくつか作りますが、そのときにデータを戻す手間が省けます。

メモからJSONへ

　パスワードを保存しているメモを探して、その内容を順番に名前をつけてもらい辞書に登録、最後にその辞書をテキストファイルとして保存という流れになります。

　JSONファイルはショートカットで読み込まれると辞書として扱われますので、名前がそのままキーになり、パスワードがデータになります。

　データはテキストやリスト、辞書など、形式を問いませんが必ずキーが必要になります。

```
{
    "名前":"データ",
    "キー":"データ",
}
```

メモを探す

変換ツールの全体図は次のようになります。（図1）

【図1】変換ツール全体図

メモに保存する際にタイトルをつけました。このタイトルでメモを検索します。メモは複数ありますが、パスワードとして利用するメモは1つだけでいいので並び順序は「なし」取得数は「1」に制限します。（図2）

見つからない場合は「このショートカットを停止」で終了です。

【図2】メモを検索する

見つかったら、メモの内容を改行で分割してその内容でループします。（図3）

見つかったメモの内容にはタイトル行が含まれています。タイトル行は使いませんので除外しましょう。取りだした内容とタイトルを比較して同じ内容だったらスキップ、違う内容なら処理します。図3のように「If」アクションの条件に合致した場合の処理を書かないようにします。タイトル行以外で行いたい処理は「その他の場合」に書きます。

取り出した内容とタイトルが違っていた場合は、タイトル行ではないのでパスワードに名前を入力してもらいます。新しい形式では名前とパスワードが対になりますので名前を省略することはできません。（図4）

名前の省略はできませんので、デフォルトは「計算結果」番目にしています。この計算結果は行数から1を引いたものになります。

結果をそのまま使うとタイトル行がスキップされる影響で「2番目」から始まります。

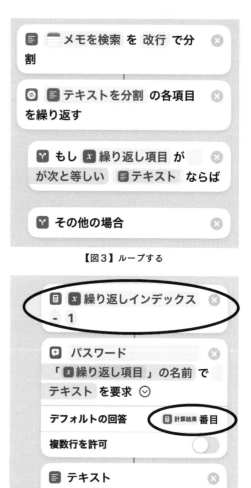

【図3】ループする

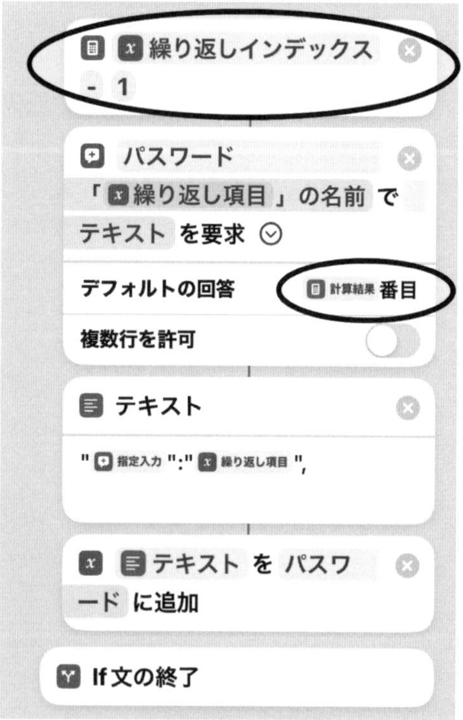

【図4】名前の入力

そこで「繰り返しインデックス」（マジック変数の選択では「Repeat_Index」と表示されることもあります）から1引いて使います。（タイトルをスキップしているので1行減る）

「繰り返しインデックス」と同じように「繰り返し項目」はRepeat_Itemと表示されることもありますので注意してください。

【図5】パスワードの結合と整形

名前とパスワードを「テキスト」で整形して「変数に追加」します。

「繰り返す」ですべてのパスワードが処理されたら、改行で連結してから、あらためてJSONとしてテキストで整形します。（図5）

最後にファイルに書き出します。ファイルが存在するかを調べて、存在した場合は現在のファイルを削除します。このとき、「見つからない場合はエラー」をONにするとファイルがないときにはショートカットがエラー終了しますので注意してください。（図6）

【図6】削除の確認

削除する場合には内容を表示して確認されますので現在のファイルの方が新しいなど保存したくない場合は「削除しない」を選んでください。その場合は、元のファイルを残して終了します。（図7）

保存するファイルのファイル名には、拡張子「.txt」が必要です。こうしないと拡張子が「.JSON」になってしまいます。これはシステム側がつける拡張子です。

テキスト以外のファイル形式ではショートカットでのファイルの扱いやファイルの内容確認などで面倒になります。気をつけてください。

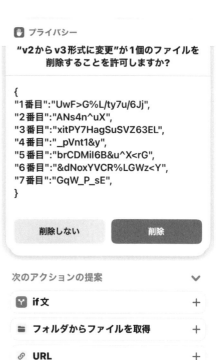

🖐 プライバシー

"v2からv3形式に変更"が1個のファイルを削除することを許可しますか？

{
"1番目":"UwF>G%L/ty7u/6Jj",
"2番目":"ANs4n^uX",
"3番目":"xitPY7HagSuSVZ63EL",
"4番目":"_pVnt1&y",
"5番目":"brCDMiI6B&u^X<rG",
"6番目":"&dNoxYVCR%LGWz<Y",
"7番目":"GqW_P_sE",
}

削除しない　　　　　削除

次のアクションの提案　　　⌄

🔽 if文　　　　　　　　　＋

📁 フォルダからファイルを取得　＋

🔗 URL　　　　　　　　　＋

【図7】ファイル削除の際の確認

最後に変換済みのパスワードを「テキストファイルへ保存」アクションを使って保存すれば、変換が終了です。（図8）

≣ 🅇変換済み を Shortcuts へ 追加

ファイルパス 📄テキスト

新しい行を作成 ⬤

【図8】パスワードの保存

これで、ファイルフォーマットを変換するツールができました。

選択ツールの作成

　次は新しいパスワードファイルを読み込んで名前一覧を表示して、タップした名前のパスワードを表示、クリップボードへコピーを行うツールです。（図9）

　このツールは、パスワードのファイルをファイル一覧から選択するようになっています。起動後にファイル一覧が開いたときに画面下のメニューが「ブラウズ」になっていることを確認してください。（図10）

　ファイル一覧から、「パスワードリスト」を選択すると登録された内容からメニューが表示されます。（図11）

【図9】確認ツールの全体図

▣ パスワード確認 ∨	完了

- ファイル を選択 ⊙
- 複数を選択 ⭕
- ▣ ファイル から辞書を取得
- ▣ ▣辞書 内の すべてのキー を取得
- ▣ ▣辞書の値 から選択 ⊙
- プロンプト　　確認したいパスワード
- 複数を選択 ⭕
- ▣ ▣辞書 内の ▣選択した項目 の 値 を取得
- ▣ ▣辞書の値 を表示
- ▣ アラート クリップボードにコピーしますか？ を表示 ⊙
- ▣ ▣辞書の値 をクリップボードにコピー ⊙
- ローカルのみ ⬤
- 有効期限　　今日の午後3時

〈戻る　**Shortcuts** ∨　⋯　キャンセル
Q 検索

MapKey
2023/05/07
39 バイト

switcher
2023/05/04
49 バイト

パスワードリスト
17:33
191 バイト

3項目
iCloud と同期済み

最近使った項目　　共有　　ブラウズ

【図10】ファイル選択

【図11】メニューから選択

ⓒ パスワード確認
確認したいパスワード

5番目

1番目

6番目

2番目

7番目

3番目

4番目

パスワード確認　　パスワード削除

パスワード生成本体　　パスワード生成

ショートカット　　オートメーション　　ギャラリー

129

メニューを選択するとパスワードが表示されます。（図12）

パスワード表示のあとは、パスワードをクリップボードへコピーするかを確認します。（図13）

【図12】選択したパスワードを表示

【図13】クリップボードへコピーするか確認

以上が確認ツールの流れになります。

削除ツールの作成

削除ツールは変換ツールと確認ツールの機能を組み合わせて作ります。パスワードファイルの選択とその内容から削除するパスワードを選択して、ファイルに書き出します。（図14）

【図14】パスワード削除全体図

　ファイル削除の際に「アラート」アクションを使って、ファイルを削除するかを確認します。実際のファイル削除でも変換ツールのときのように「プライバシー」ダイアログは出ますが、上書き確認もやっておくことで間違って削除したときのやり直しが可能になりますので、面倒でも1つ手順を追加しておくことをおすすめします。（図15）

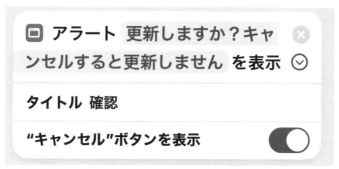

【図15】アラート表示で削除の確認

　最後にファイルを保存しますが、選択したファイルのファイルパスをそのまま使おうとするとうまく同じ場所に上書きができませんでした。

　そこで、保存するファイル名をファイルパスから取得しています。（図16）

【図16】ファイルパスの整形

　ファイルパスは次のような形式になっています。

```
iCloud Drive/Shortcuts/パスワードファイル
```

　実際のファイル名には".txt"を追加していますがファイルパスでは省略されています。".txt"がついていないと「.JSON」のような拡張子をつけられてしまうので注意しましょう。

　フルファイルパスは"/"（スラッシュ）でパスとファイル名に分離できます。そして、一番最後の要素を「リストから要素を取得」で取り出して、ファイルパスに指定します。これで更新されたパスワードが保存できました。

　削除ツールはこれで完成です。

パスワード生成器の修正

　最後にパスワード生成器Ver.2を新しいファイル形式で保存するようにしていきます。

Ver.2をモジュール化

　まず、Ver.2を複製して最後にあるメモ帳への保存処理を削除します。（図17）

　次にこのショートカットの名前を「パスワード生成本体」に変更します。

　複製は「すべてのショートカット」画面でショートカットをロングタップしてから、複製を選びます。名前の変更はショートカットの編集画面でタイトルをタップしたメニューからできます。

【図17】Ver2改造

次にこのショートカットの呼び出しと名前の入力、ファイルへの追加をするためのVer.3本体を作ります。（図18）

【図18】生成器本体

「ショートカットの呼び出し」アクションで呼び出したショートカットの実行結果が入力として戻ります。この内容をパスワードファイルから作った辞書に追加して、新しいパスワードファイルとして保存するのがVer.3本体の動作になります。（図19）

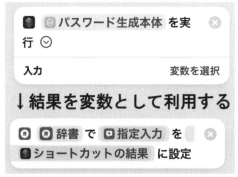

【図19】辞書にショートカットの結果を追加

　パスワードの名前ですが、Ver.3では日付を数字並びのフォーマットにしてそれをデフォルトとして設定しています。（図20）

【図20】日付の取得とフォーマット

「文字列をフォーマット」に指定したアルファベットは、「年月日_時分秒」の並びになっていて、2023年8月1日15時40分30秒であれば"20230801_154030"となります。

　名前が入力されなかったときには、日付が入るようになりますが、他の文字列にしてもいいでしょう。ただJSONの性質上、名前が同じだと読み込みエラーが出たり、元々のパスワードが上書きされることもありますので実行するたびに変わる数値を入れるなどをした方がいいでしょう。

まとめ

　Ver.3は内容の修正ではなく、その周辺機能の作成を中心に解説しました。
　Ver.2の解説に少し書いたモジュール化を保存機能を削除したVer.2本体で行っています。こうすることで実際の作業がかなり軽減されました。

　このようにいくつかのショートカットを組み合わせて利用できますので、慣れてきたらこういった応用をするのもいいでしょう。

macOS のショートカット

8

macOSのショートカット

macOSでもショートカットが動きます。（図1）

【図1】 macOSのショートカット

　画面構成などは、ほぼ変わりません。macOS用に作ったショートカット
だけでなく、iOS端末上で作ったショートカットも動作します。

　macOSではトラックパッドやマウスがあるのでiOS端末のタップやロング
タップがシングルクリックとCtrl+クリックに変わります。
　ロングタップで行う変数の設定、編集コマンドがCtrl+クリックまたはマ
ウス右クリック（以下、コンテクストメニュー）になります。（図2）（図3）

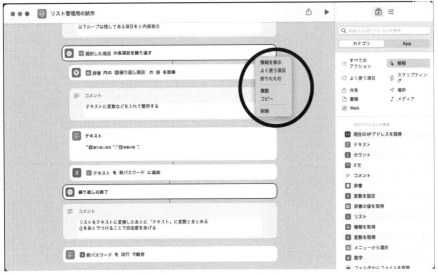

【図2】通常アクションのコンテクストメニュー

【図3】テキストアクションのコンテクストメニュー

　コンテクストメニューではコピーはできてもペーストできません。

　ただ、アクションへの入力や変数などが一覧表示されますので編集中にど
れが必要かを探す手間が減ります。

アクションリストもiOS版と同様に、用意されています。（図4）

【図4】macosのアクションリスト

編集メニューにも「変数に設定」や「繰り返し」といったアクションの挿入コマンドがまとまっていて便利になっています。（図5）

iPadでも画面がより広い分、マウスやキーボード使えばmacと同じような編集ができますが、macの画面の大きさやキーボード／マウス（タッチパッド）が使えるなど便利な部分があります。

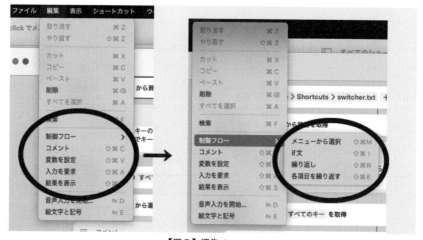

【図5】編集メニュー

macOS独自機能

macOS版では「マイショートカット」に独自のフォルダがあります。

それぞれのフォルダにショートカットを登録するとショートカットを機能として起動できます。（図6）

【図6】マイショートカット

クイックアクション

クイックアクションフォルダにショートカットを登録するとコンテクストメニューから使えるようになります。（図7）

【図7】クイックアクションへ登録

　ただし、そのままでは使えませんのでショートカットを登録したら、オプ
ションから有効化する必要があります。（図8）（図9）

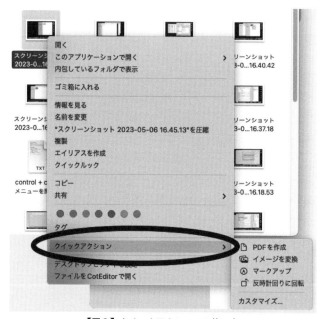

【図8】クイックアクションの使い方

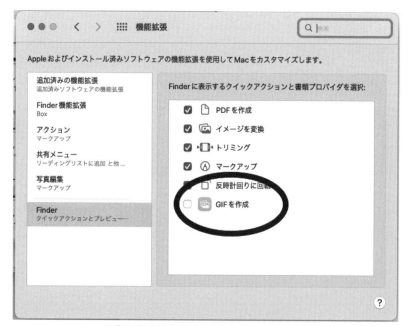

【図9】クイックアクションは有効化が必要

メニューバー

ショートカットをメニューバーの中にコピーします。（図10）

【図10】メニューバーに登録

メニューバーに登録すると画面上部にショートカットのアイコン表示されます。これをクリックすると登録されている内容が表示されますので、その内容を選択すれば起動します。

クイックアクションと違い、設定などの手続きは不要です。（図11）

【図11】メニューバーに表示される

Dock

ファイルメニューの「Dock
に追加」でmacのDockにショー
トカットを登録できます。登録
されるショートカットには設定
されているアイコンが表示され
ます。クリックすれば呼び出せ
て、Dockからゴミ箱へドロッ
プすれば他のアプリと同じよう
に削除できます。（図12）

ファイル	編集	表示	ショー
新規ショートカット			⌘N
新規フォルダ			⇧⌘N
開く			⌘O
最近使った項目を開く			>
閉じる			⌘W
複製			⌘D
名称変更...			
読み込む...			
書き出す...			
共有			>
Dockに追加			

【図12】ファイルメニューから登録

まとめ

　macでのショートカット環境は、開発という点では非常に使いやすいと感
じます。

　本書ではiPhone／iPad環境を中心に書いている関係で、macのショート
カット環境やmacOS環境でのショートカットの活用例は紹介していません。
　ただ、後半で紹介するショートカットなど収録しているショートカットを
macOSで作っています。macで編集→iOS端末で動作確認という手順です。

　macOSでアクションの一部がメニューから直接登録できるのは非常に便
利ですし、環境を問わず動くものが作れることが利点なので、macを持って
いるなら使ってみてください。

　おまけで写真を選択、コメントを入力したら、写真を加工して保存する
ショートカットをつけておきます。

　この項を書くためにいろいろと試しているときに作ったものですので実用性はありません。（図13）

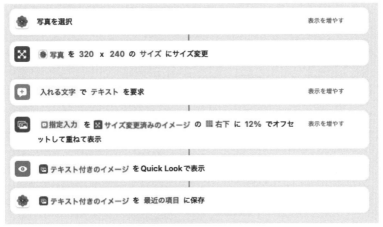

【図13】写真に文字を入れる

　中央の文字を重ねる部分のパラメータも参考に載せておきます。図13のままだとデフォルトになってしまいますので、このパラメータを参考に自分で置きたい形になるよう試してみてください。（図14）

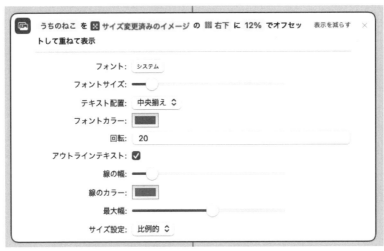

【図14】文字パラメータの設定

Apple Watch のショートカット

9

Apple Watchの ショートカット

Apple Watchでショートカットを使う場合はWatch本体から起動します。（図1）

Apple Watchではリストは縦方向に並んでいます。目的のものを探すには上下にスワイプします。（図2）（図3）

【図1】Apple Watchから起動する

【図2】Apple Watchのメニュー移動1

【図3】Apple Watchのメニュー移動2

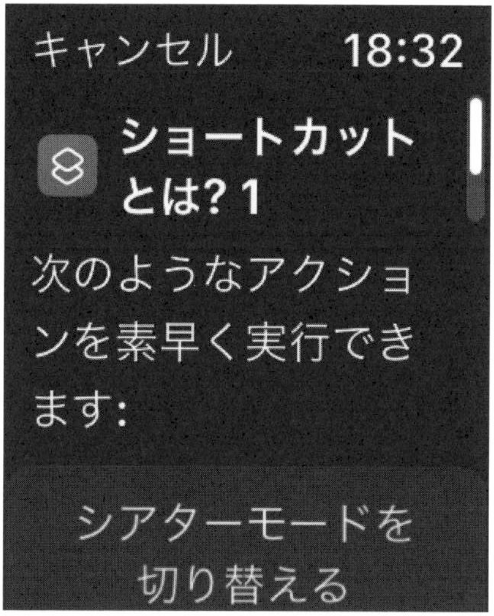

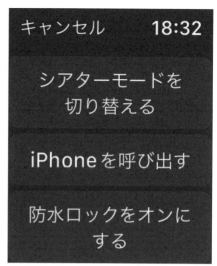

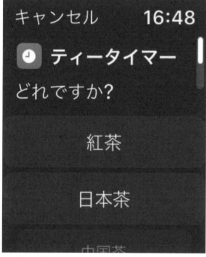

【図4】「ショートカットとは」を実行したところ

【図5】「ショートカットとは」のメニュー

　リストアップされたショートカットをタップで起動します。「ショートカットとは」や「ティータイマー」もiOSとの違いは画面の大きさくらいで同じように表示されます。（図4）（図5）（図6）

【図6】ティータイマーを起動したところ

Apple Watchでショートカットを使う

Apple Watch側でショートカットの編集はできません。iOS端末側で作ったショートカットを利用しますので、設定が必要です。

ショートカットの編集画面下部にある①かショートカットの一覧から目的のショートカットをロングタップして「詳細」を選びます。

メニュー中央「Apple Watchに表示」がONになっているショートカットがApple Watch側でリストアップされます。（図7）

この設定をすれば、Apple Watchにショートカットが表示されます。手動でコピーする必要はありません。

Apple Watchで使えないアクションが含まれている場合は「Apple Watchに表示」の下に使えない理由が表示されます。（図8）

この場合はApple Watchで「写真の選択」や「アルバムに保存」といった写真に関係するアクションが原因です。Apple Watch自体に写真が保存できませんのでこうしたアクションを使ったショートカットが動きません。

このように出てくる理由を確認してアクションを見直してみましょう。

【図7】ショートカットの「Apple Watchに表示」をONにすれば表示される

【図8】利用できないアクションがあるとエラーメッセージが表示される

位置情報やカレンダー、メモなどへのアクセスも書き込み許可さえ与えれば、アクセスできるようになります。（図9）

Apple Watch用アプリがない場合など連携ができないものは動かないことがありますので注意してください。（図10）

（図10）はX（旧Twitter）のApple Watch用クライアントがないことが原因で出ているエラーです。Apple Watch用アプリをアクションとして連携できればいいのですが、Apple Watch用アプリでショートカット対応というのが見当たらなかったので、この辺りについては今後の対応に期待したいところです。

X（旧Twitter）を使ったApple Watch用ショートカットを考えていましたが、対応できそうになかったので今回は例としてあげませんでした。

iOSやショートカットの通知をApple Watch側で受信するよう設定してあれば、「通知を送る」などのアクションで通知ができます。これと位置情報を組み合わせれば、特定の場所についたら通知といった動作もできるでしょう。

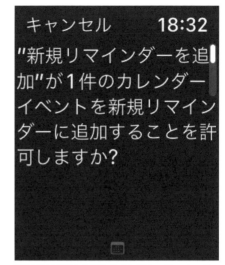

【図9】iOS端末と同じように初めてリマインダーへ追加する場合に確認される

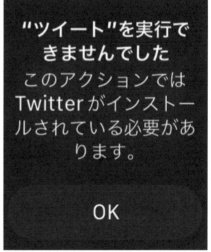

【図10】Apple Watch対応アプリがない場合にエラーになる

デバイス名が調べられるアクションでApple Watchのときだけ端末を震わせることも可能です。（図11）

この例では、Apple Watchの名前がデフォルトの形式（〜さんのApple Watchなどユーザー名＋そのデバイス名）になっていることを想定しているので、名前を変えている場合は、その名前の特徴的な部分をこのショートカットの「Watch」と書いてあるところに書いてください。デバイス名に含まれている名前が書かれていれば振動しますが、そうでない場合は振動しませんので気をつけてください。

【図11】Apple Watchで実行されたらバイブ起動

Apple Watch用に作るには

Apple Watchでも大抵のアクションはそのまま利用できます。

図12の「AIに聞いて」ショートカットはmacOSで作成、iPadやiPhoneで動作確認をしたショートカットです。

このショートカットでは「HTTPでデータを取得」アクションを使ってJSONデータを処理して表示するものですが、Apple Watchでも特に問題なく動作しました。

文字入力は多少の手間はありますが、画面をなぞる、日本語対応の音声入力を使うなどで解決できます。（図13）（図14）

【図12】「AIに聞いて」がショートカットリスト
に表示される

【図13】日本語の音声入力ができる

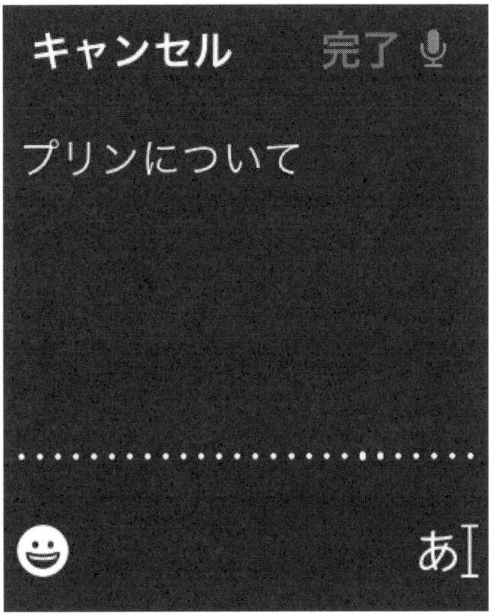

キャンセル　　　　　完了 🎤

プリンについて

・・・・・・・・・・・・・・・・

😃　　　　　　　　　　あ|

【図14】「プリンについて」と入力した

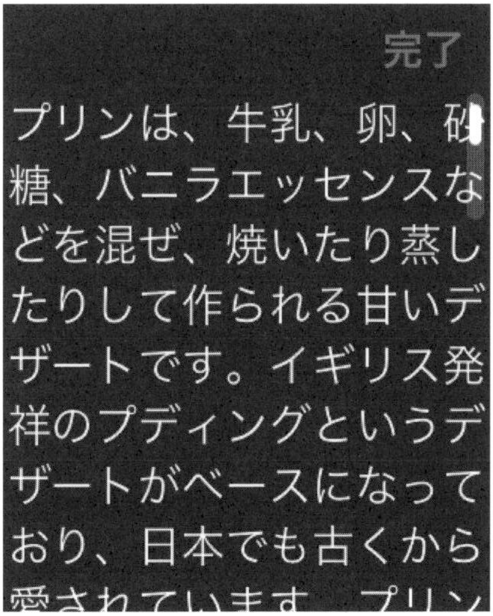

完了

プリンは、牛乳、卵、砂
糖、バニラエッセンスな
どを混ぜ、焼いたり蒸し
たりして作られる甘いデ
ザートです。イギリス発
祥のプディングというデ
ザートがベースになって
おり、日本でも古くから
愛されています　プリン

【図15】AIが答えてくれた内容

　今回は、ChatGPTに「プリン」について教えてもらうことにしたので、「プ
リンについて」と音声認識で入力しました。
　結果表示は文字になりますが、ここでApple WatchとiOS端末の画面サイ
ズの違いが大きな差になるといえるかもしれません。（図15）

まとめ

　Apple Watchを使ったショートカットといっても、大抵のものはiOS端末からの通知で対応できそうなので、あまりよい例がありませんでした。

　ぜひ自分が欲しいと考えているショートカットを考えてみてください。

GoogleGeoCodingAPI へのアクセス

GoogleGeoCodingAPI へのアクセス

　APIとは、アプリケーション同士のデータのやりとりを行うためのインターフェースのことです。呼び出し方法、場所、必要なデータなどの定義や呼び出し場所を指しています。

　インターネットで提供されているAPIには有料無料問わず、さまざまなサービスがあります。有料の場合は課金するためのユーザー登録と登録情報への紐づけが必要になります。無料の場合もサービスの性質によってはユーザー登録が必要になりますのでサービス提供者からの情報を確認しましょう。

　APIを利用してデータを取得する場合、毎回ユーザーがログインしてからサービスへアクセスするのは不便です。そこでユーザー認証した情報を「APIキー」として作成して、アクセス時に使うようになっています。

　今回はAPIを呼び出す例として、Google MapのGeoCoding APIを使って住所から緯度／経度で表される座標を取得する方法を紹介します。

リスト：各種ドキュメント

- **GeoCoding APIの概要**
  https://developers.google.com/maps/documentation/geocoding/overview?hl=ja

- **Google Maps Platform**
  https://console.cloud.google.com/google/maps-apis/home

- **Maps APIのドキュメント**
  https://developers.google.com/maps/get-started?hl=ja

- **JSON**

```
https://developer.mozilla.org/ja/docs/Learn/JavaScript/Objects/
```

・JSON
```
https://www.json.org/json-ja.html
```

Google Maps APIへの登録

今回はGoogle Maps APIを利用するので、まずはGoogle Maps Platform
へ登録します。Google Cloud Platformという単語も出てきますが、ここで
はGoogle Maps Platformに統一しています。Google Cloudサービスの中の
Google Mapsという形ですが、利用したいサービスはMapsだけなのでこの
ような表記にしました。

Googleアカウントがない場合はGoogleアカウントも登録しておいてくだ
さい。

Google Maps Platform Console
(https://console.cloud.google.com/
google/maps-apis/home) へアクセス
します。(図1)

最初に試用期間中限定のGoogle
Cloud クレジットがもらえます。これ
はGoogle Cloudのサービス利用料に充
てられるもので、期間中のサービス利
用料はこれで賄えます。

ただし、Google Cloudの登録の際に
支払情報の登録が必要になりますので
有効なクレジットカードが別途必要に
なります。

【図1】GoogleMapsPlatformのTOP画面

【図2】規約を確認したら同意して続行する

【図3】 Maps Platformでできることを確認して登録を開始

「スタートガイド」をタップするとGoogle Maps Platformへの登録画面になります。利用規約への同意を行ったら、「同意して続行」をタップします。（図2）

Google Maps Platformの説明画面になります。この画面にはMaps Platformの説明へのリンクなどがありますが、細かい内容についてはここでは説明しません。「アカウント設定を完了」をタップしてください。（図3）

試用登録の画面になります。300ドル（2023年5月のレートで約40,000円前後）の試用クレジットがもらえますが有効期間が90日で、これを過ぎるとカードに請求がきますので注意してください。

【図4】登録アカウントの確認

【図5】支払プロファイルを登録する

10

　利用するアカウント、利用規約などをよく確認して間違いがなければ「同意して続行」を押します。（図4）

　支払情報の確認が出てきますが、これはGoogleアカウントに紐づいている支払情報が最初に表示されます。この例ではPayPalが登録されています。このようにカード以外の支払方法が表示されている場合はタップします。（図5）

🔒 console.cloud.google.com

Google Maps Platform を試9

ステップ 2/2 お支払い情報の確認

お支払い情報は不正行為や悪用を防止するのに役立ちます。クレジット カードまたはデビットカードを使用する場合、自動請求を有効にするまで課金されることはありません。

お支払いプロファイル ⓘ

このアカウントまたはお取引に関連付けるお支払いプロファイルを選択してください。お支払いプロファイルは Google のすべてのサービスで共有、使用されます。

👤 Play、YouTube用の 個人 プロファイル
お支払いプロファイル ID: ▓▓▓▓▓▓▓ ∨

お支払い方法

⦿ PayPal:

○ カードを追加

無料トライアルを開始

← → ✚ ① ⋯

【図6】クレジットカードの登録を行う

🔒 console.cloud.google.com

Google Maps Platform を試す

ステップ 2/2 お支払い情報の確認

お支払い情報は不正行為や悪用を防止するのに役立ちます。クレジット カードまたはデビットカードを使用する場合、自動請求を有効にするまで課金されることはありません。

お支払いプロファイル ⓘ

このアカウントまたはお取引に関連付けるお支払いプロファイルを選択してください。お支払いプロファイルは Google のすべてのサービスで共有、使用されます。

👤 Play、YouTube用の 個人 プロファイル
お支払いプロファイル ID: ▓▓▓▓▓▓▓ ∨

お支払い方法

▭ カードを追加 ∨

カード番号 _____ ▦ JCB ⬤⬤ VISA

MM / YY   CVC コード

カードの名義 ▓▓▓ カード表面の名前

● アカウント登録者の住所/郵便番号 ✎

無料トライアルを開始

← → ✚ ① ⋯

【図7】カード番号登録

　支払方法をタップした、もしくは、「カードを追加」が表示されている場合は「カードを追加」をタップしてカード情報を入力しましょう。カード情報を正しく入力したら「無料トライアル開始」をタップします。(図6)(図7)

【図8】アンケートに答える

【図9】最初のAPIキーが生成されて表示される

　Google Maps Platformへ登録した理由や利用用途などのアンケートがありますので、回答してください。個人利用で無料で使える範囲で開発に使う的な内容を選択していけば問題ないと思います。（図8）

　アンケートに答え終わるとAPIキーが表示されますので、コピーして保存しておきましょう。（図9）

　このAPIキーを保存し忘れてもMaps Platformのユーザー情報から再度確認できます。ただ、お金の絡むものなので取り扱いは慎重にしてください。テスト目的で自分だけで使うのはいいのですが、人に教えてしまうと思っていた以上の請求がくることもあります。

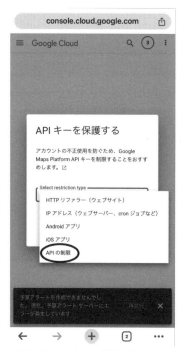

【図10】APIキーの保護設定を行う

【図11】保護設定項目1

　次にAPIキーの保護設定を行う画面が出てきます。制限などを行わなくても困ることはないのですが、何かのトラブルでAPIキーが漏れてしまった場合にアクセス制限を行っておくと安心です。（図10）（図11）（図12）

「APIの制限」を選んでから、図11／図12にある内容にチェックを入れます。図12の内容は少し下にスクロールさせないと出てきませんので注意してください。

【図12】保護設定項目2

【図13】登録完了

　APIの項目を選択したらOKをタップしてください。すべて終わったら「キーを制限」をタップします。登録完了のような画面は出てきませんが、これでMaps Platformが利用できるようになりました。(図13)

Google Maps APIの呼び出しテスト

ショートカット化する前に、入力した住所から住所と緯度経度を取得して地図を表示する手順を紹介していきます。

認証情報ページからAPIキーを確認／生成

登録時に生成したAPIキーを保存した場合はそちらを使ってください。忘れてしまった場合は、以下の手順で確認できます。

まず、登録の際に利用したGoogle Maps Platform Console（https://console.cloud.google.com/google/maps-apis/home）へアクセスして、左上の≡をタップします。（図14）

【図14】MapsPlatformにアクセスする

【図15】APIとサービスを選択する

【図16】認証情報を選択する

メニューが出てきたら、「APIとサービ
ス」にある「認証情報」をタップします。（図
15）（図16）

画面中央の「APIキー」に生成したAPI
キーのリスとが出てきますので、「鍵を表
示します」をタップします。iPhoneの画
面では図のように文章が途中で切れている
可能性もありますので気にせずタップして
ください。（図17）

【図17】認証情報一覧からAPIキーを
確認

163

少し右にスクロールすると：管理メニューがあります。名前を変えたり、削除したいときはこちらをタップしてください。（図18）

Maps API Keyウィンドウが開いて選択したAPIキーが表示されますので、コピーボタンを押したら閉じるを押して確認は終了です。（図19）

API キー

名前	作成日 ↓	制限	操作
✅ Maps API Key	2023/09/18	4 個の API …	鍵を表示します ⋮

API キーを編集

API キーを削除

OAuth 2.0 クライアント ID

【図18】APIキー管理メニュー　　　　【図19】APIキー管理メニュー

○APIキーの作成

APIキーの作成も「認証情報」画面から行います。認証情報の右にある：管理メニューをタップします。（図20）

「＋認証情報を作成」をタップすると生成する認証情報がリストアップされますので、今回はAPIキーを選びましょう。続けて、キーを生成しているという時間待ちダイアログが表示されますので、しばらく待ちます。（図21）（図22）

生成が終わったら、APIキーのコピー画面（図9や図19と同じようなウィンドウ）が開きますので、コピーしておきます。（図23）

【図20】認証情報の管理メニュー

【図21】作成するキーの指定

【図22】認証情報作成待ち

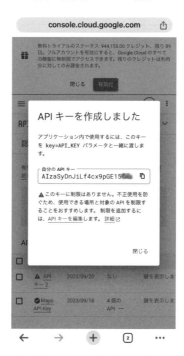

【図23】APIキーの作成が完了すると
表示される

生成したAPIキーでAPIへアクセス

生成したAPIキーを使って、住所から緯度／経度（ジオコード）を調べてみましょう。Google Maps APIはHTTPメソッドのGETメソッドを使ってアクセスしますので、ブラウザで確認ができます。

指定する住所はURLエンコード済みのUTF-8を使います。文字コードとURLエンコードの説明は後回しで、入力された内容をURLエンコードして表示するショートカットを作りましたので、こちらを使ってください。（図24）

クリップボードにコピーしていますのでエンコードした文字列を使いたいところでペーストできます。

APIへのアクセスポイントは以下のようになります。GETメソッドはURLの後ろにパラメータ名を追加してアクセスします。

【図24】URLエンコードして表示するショートカット

今回は、結果をJSON形式で受け取るためにURL最後を「/json?」にしています。XML形式にもできますので、その場合は「/xml?」で指定します。

JSONやAPIのレスポンスの詳細はリスト.各種ドキュメントにある各サイトの資料を確認してください。

```
https://maps.googleapis.com/maps/api/geocode/json
```

address=の後ろにURLエンコードした文字列をペーストします。

```
?address=
```

住所をペーストしたら、その後ろにAPIキーをつける必要があります。

```
&key=[APIキー]
```

APIキーは前2つの手順で作成済みのものを使います。「神奈川県横浜市」を調べるためのURLを試しに作ると以下のようになります。

```
https://maps.googleapis.com/maps/api/geocode/json?address=%E7%A5
%9E%E5%A5%88%E5%B7%9D%E7%9C%8C%E6%A8%AA%E6%B5%9C%E5%B8%82&key=[A
PIキー]
```

keyとaddressの前についている?や&はURLのクエリパラメータを表しています。?はパラメータの開始、&はパラメータの続きを表します。

順番を変えて、?key=[APIキー]&address=と指定しても構いませんが、今回はドキュメントの通りに配置しています。

あとはブラウザのURLにペーストすれば確認できます。

ただ、iPhoneだけでURLの編集をするのは大変なので、先ほどのショートカットをAPIキーと住所を入力するとブラウザに入力すればいいURLを生成するよう改造しました。（図25）

【図25】URLエンコードしてAPIへのURLを表示するショートカット

　起動したら、APIキーを入力して、住所を入力しましょう。今回は本籍地としても人気の「東京都千代田区千代田1-1」を使ってみましょう。（皇居の住所です）

　ChromeでURLをタップしてから「コピーしたリンク」をタップします。ペーストするかどうかをあらためて許可を求められますので、許可すればコピーしたリンクにアクセスします。（図26）（図27）

【図26】chromeでコピーしたリンクにアクセスする

【図27】コピーしたリンクに関する警告

APIキーが正しく、住所も検索できればJSONで結果が返ってきます。ここではChromeを使っていますが、Safariでも同じように結果表示されます。(図28)

maps.googleapis.com

```
{
    "results" :
    [
        {
            "address_components" :
            [
                {
                    "long_name" : "1",
                    "short_name" : "1",
                    "types" :
                    [
                        "premise"
                    ]
                },
                {
                    "long_name" : "1",
                    "short_name" : "1",
                    "types" :
                    [
                        "political",
                        "sublocality",
                        "sublocality_level_4"
                    ]
                },
                {
                    "long_name" : "千代田",
                    "short_name" : "千代田",
                    "types" :
                    [
                        "political",
                        "sublocality",
                        "sublocality_level_2"
                    ]
                },
                {
                    "long_name" : "千代田区",
                    "short_name" : "千代田区",
                    "types" :
                    [
                        "locality",
                        "political"
                    ]
                },
                {
                    "long_name" : "東京都",
                    "short_name" : "東京都"
```

【図28】結果を受信した

受け取った情報からデータを抜き出す

　次は返ってきたJSONデータにどのような情報が含まれているかを確認していきましょう。次のJSONデータは、図28に載せているデータテキストファイルにしたものです。

ソース：結果のJSON（図28のテキスト）

```json
{
    "results" :
    [
      {
          "address_components" :
          [
            {
                "long_name" : "1",
                "short_name" : "1",
                "types" :
                [
                    "premise"
                ]
            },
            {
                "long_name" : "1",
                "short_name" : "1",
                "types" :
                [
                    "political",
                    "sublocality",
                    "sublocality_level_4"
                ]
            },
            {
                "long_name" : "千代田",
                "short_name" : "千代田",
                "types" :
```

```
    [
      "political",
      "sublocality",
      "sublocality_level_2"
    ]
},
{
  "long_name" : "千代田区",
  "short_name" : "千代田区",
  "types" :
  [
     "locality",
     "political"
  ]
},
{
  "long_name" : "東京都",
  "short_name" : "東京都",
  "types" :
  [
     "administrative_area_level_1",
     "political"
  ]
},
{
  "long_name" : "日本",
  "short_name" : "JP",
  "types" :
  [
     "country",
     "political"
  ]
},
{
```

10

```
            "long_name" : "100-0001",
            "short_name" : "100-0001",
            "types" :
            [
               "postal_code"
            ]
         }
      ],
      "formatted_address" : "日本、〒100-0001 東京都千代田区千代
田1-1",
      "geometry" :
      {
         "bounds" :
         {
            "northeast" :
            {
               "lat" : 35.6866075,
               "lng" : 139.7578657
            },
            "southwest" :
            {
               "lat" : 35.6865107,
               "lng" : 139.7577363
            }
         },
         "location" :
         {
            "lat" : 35.6865546,
            "lng" : 139.7578008
         },
         "location_type" : "ROOFTOP",
         "viewport" :
         {
            "northeast" :
```

```
            {
               "lat" : 35.6879080802915,
               "lng" : 139.7591499802915
            },
            "southwest" :
            {
               "lat" : 35.6852101197085,
               "lng" : 139.7564520197085
            }
         }
      },
      "place_id" : "ChIJx-meWQmMGGARx4Wl1t8hdwE",
      "types" :
      [
         "premise"
      ]
   }
  ],
  "status" : "OK"
}
```

statusは送信したデータ（addressやkeyなどのクエリパラメータ）が正しく処理されたかどうかを確認するためのコードです。今回は問題がないのでOKになっています。実際の処理でもこのコードがOK以外だったら処理しないなどの対策が必要になります。

address_componentsは住所をパーツに分けたデータです。

types配列がそのブロックが住所のどの部分か（都道府県や番地など）、short_nameとlong_nameはその住所のブロックが入ります。（東京都や神奈川県、千代田区や横浜市などブロックごとの名称）

long_nameはそのままの内容で、short_nameにはその内容の省略形が入ります。省略形は日本の住所ではあまり馴染みがありませんが、海外の住所では州名が省略された名称が入ります。

formatted_addressは住所をテキストにしたものです。入力されたデータが住所としてユーザーに認識できるように補正したものです。

geometryには、緯度／経度やどれくらいの精度かを確認する情報が入っています。locationが緯度／経度、それに続くlocation_typesがその情報の精度で、正確なデータからおおよその位置まで4段階用意されています。

このテストではformatted_addressとgeometryのlocationです。
locationに含まれる緯度（lat）と経度（lng）をmapのパラメータに指定すれば今回検索した場所が出てくるはずなので、それで試してみましょう。

結果の確認

JSONの真ん中あたりにlocationがあります。

```
"location" :
{
    "lat" : 35.6865546,
    "lng" : 139.7578008
},
```

これをGoogle Mapで確認するには次のURLの後ろに緯度と経度をつけて呼び出します。

```
https://www.google.com/maps/@緯度(lat),経度(lng),ズーム(3z〜21z)
```

この例でlocationの値をあてはめるとURLは次のようになります。

```
https://www.google.com/maps/@35.6865546,139.7578008,17z
```

このURLでマップを開いたら、皇居周辺が出てきました。（図29）

今回調べた住所は「東京都千代田区千代田1-1」なので皇居周辺の地図が出てきました。住所の詳細を入れたので皇居の（ほぼ）中心が出てきましたが〜市などで止めると庁舎の住所になることがあります。

locationの緯度や経度はマイナスになることもあります。マイナスがついていた場合もURLにはそのまま入力します。符号のあるなしで東西南北が分かれるため、緯度（lat）がマイナスの場合「南緯」、プラス（符号なし）の場合は「北緯」です。経度（lng）も同様にマイナスの場合は「西経」、プラスの場合は「東経」になります。

指定した数値によって、map上の位置やズームが補正されて表示されることがあります。z値はその場所へのズームになりますが、大きすぎると近づきすぎてよくわからなくなります。小さいと表示範囲が広すぎて、目的のポイントが探しづらくなります。

【図29】locationで指定された
ジオコードでマップを開いた

10

ショートカット化

APIの呼び出しと結果について説明したところで、手作業の流れをショートカットにしていきましょう。

Google Geocoding APIは場所を入力すると実際の住所や緯度／経度に変換して返してくれるAPIということはわかったと思いますので、地名や住所を入力したら、APIが返してきた住所を表示してマップで大体の位置を表示する流れを作ります。

文字入力については、図24や図25で利用したものであり、ショートカットではその続きでAPI呼び出しや結果に含まれた情報を使って「マップで開く」アクションからマップアプリを呼び出す流れになります。（図30）

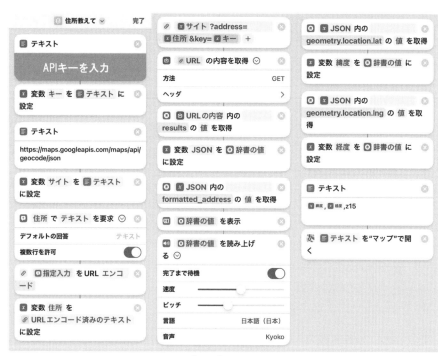

【図30】全体図

APIキーの扱い

前述の「APIキーの作成」などで
APIキーを生成している場合はその
APIキーをコピーしてください。ま
だ生成していない方は、手順に沿っ
て生成してください。

次にそのAPIキーをショートカッ
ト内部の「テキスト」アクションに
保存しておきます。ついでにAPIの
呼び出しポイントも「テキスト」ア
クションに記載しておきます。（図
31）

ショートカットを誰かに共有する
ようであれば、APIキーは別で管理
する方法も検討してください。パス

【図31】APIキーとURLの設定

ワード生成器Ver.3で作った
テキストファイルを作成して、
起動時に読み込んで利用する
改造などもいいでしょう。

テキストファイルを作る
ショートカットの例を載せて
おきます。このショートカッ
トはファイル名と保存する内
容を入力したら、ファイルを
作るというだけのショート
カットです。（図32）

【図32】ファイル作成用ショートカットの例

10

住所の入力

住所の入力とURLエ
ンコードします。（図
33）

入力された内容を
「URLエンコードする」
アクションでURLエン
コードします。URLエ
ンコードされた内容はわ
かりやすさのために変数
に保存しています。流れ
が把握できるようであれ
ば、マジック変数を使っ
た方が手間は減ります。

【図33】住所の入力とURLエンコード

　URLエンコードとはURLで利用できない文字や漢字などを一定の規則にしたがって変換する方法です。経験がある方もいるかもしれませんが、ブラウザのURLには漢字を直接入力できないことがあります。（漢字を使ったドメイン名もありますが、あまり一般的ではありません）

　今回も住所をそのまま漢字で送るのではなく、いったん数字やアルファベットと％（パーセント記号）にして送る手間が必要になります。

神奈川県横浜市

↓　URLエンコード

%E7%A5%9E%E5%A5%88%E5%B7%9D%E7%9C%8C%E6%A8%AA%E6%B5%9C%E5%B8%82

　％の後ろに16進数2桁の数字をつけたものが1バイト分のブロックになります。この例では%E7が1バイトです。漢字の文字コードは2バイトまたは3バイトを1組で扱います。今回はUNICODEを使っていますので、3バイトが1文字の区切りになります。この例では、先頭の3つ分（%E7%A5%9E）が「神」という文字を表していることになります。

URLの生成

　サイトや住所といったここまでの処理で設定した変数や住所などの情報から「URL」アクションでアクセス用URLを構築します。

　構築したURLを使って「URLの内容を取得」アクションでAPIの呼び出しポイントにアクセスします。（図34）

　今回はAPIからのアクセス指定がGETメソッドなので、「URLの内容を取得」ア

【図34】URLの組み立てとURLの内容を取得

クションの「方法」に「GET」を指定します。GETメソッドのパラメータ
はすべてURLに追加しますので、ヘッダなど他のデータは不要です。

このアクションの結果は、resultsの内容を辞書に変換して変数に設定して
おきましょう。results以下の内容については、前述の「受け取った情報から
データを抜き出す」の解説を確認してください。

データの取得

読み込んだデータが正しいか
どうかは一旦考えずに返ってき
たデータにアクセスして住所の
表示や読み上げを行います。（図
35）

ここで取り出している
formatted_addressにはAPIに送
信した住所を補正した内容が入
ります。例えば「大阪市此花区」
と入力するところを「大阪府此
花区」と入力した場合でも「大
阪府大阪市此花区」のようにな
ります。

【図35】住所の表示と読み上げ

API呼び出し後のステータス
チェックはしていないので想定しているformatted_addressがない場合はエ
ラー終了するので注意してください。

「テキストを読み上げる」アクションはSiriのような声で指定したテキスト
を読み上げてくれます。読み上げの速度などは細かく指定できますので、い
ろいろと試してみてください。
「完了まで待機」をONにしないと処理が終わる前に次のアクションに処理
が移ってしまいますので注意してください。

内容の取得とマップの呼び出し

次に変数JSONから「辞書の内容を取得する」アクションで緯度／経度を取り出して変数に保存していきましょう。（図36）

"geometry"には複数の要素がありますが、今回使いたいデータは緯度／経度なので"location"の"lat"と"lng"を取り出しています。

◯ 𝑥 JSON 内の geometry.location.lat の 値 を取得 ✕

𝑥 変数 緯度 を ◯ 辞書の値 に 設定 ✕

◯ 𝑥 JSON 内の geometry.location.lng の 値 を取得 ✕

𝑥 変数 経度 を ◯ 辞書の値 に 設定 ✕

【図36】緯度経度を保存する

データ.location

```
"location" : {
    "lat" : 35.4436739,
    "lng" : 139.6379639
},
```

データにアクセスするキーは名前を.(ピリオド)でつなげて指定します。今回は"location"とその中の"lat"/"lng"を取り出したいので次のようにキーを指定しています。

```
geometry.location.lat
geometry.location.lng
```

"geometry"の下にあるデータも複数の要素を持っているので直接名前を指定していく必要があります。キーと値だけで構成されたJSONファイルではここまでの手間はありませんが、配列や辞書を含んだデータでは少々複雑な手順が必要になります。

【図37】マップアプリを開く

取り出したlat/lngは、変数「緯度」「経度」に保存します。

保存した変数から「テキスト」アクションで呼び出し用パラメータを整形してマップを呼び出しましょう。（図37）

ここでは、iOS純正のマップアプリを呼んでいます。マップに入力した場所が表示されれば成功です。（図38）

【図38】地図アプリでも開くことができた

まとめ

APIキーを使ったWeb APIへのアクセスしました。HTTPメソッドもGETで手順もそれほどないため、複雑な処理がないのでわかりやすいと思います。

こうしたAPIを利用するには大がかりなシステムが必要になるイメージがあります。ショートカットにはいろいろな仕組みが用意されているので想定よりも手間が軽減できます。

特にテキスト処理やHTTPヘッダの生成、サイトへのアクセスなど、スクリプト言語を使うと外部ライブラリを使うことも多い工程をアクションが肩代わりしてくれて、必要なパラメータを設定すれば使えるので、非常に便利でわかりやすいものになっています。

今回はGoogle Cloud Maps Platformを使いましたが、これ以外にもAPIを提供しているサービスがあります。GETメソッドを使うサービスであれば、今回の方法の応用になります。ぜひ、他のサービスでも使ってみてください。

　次章では、もう1つのHTTPメソッドであるPOSTを使ったAPIへのアクセス方法を紹介していますので、そちらも合わせて確認してください。

OpenAI API へのアクセス

OpenAI APIへの アクセス

　GoogleMapsのAPIではGETメソッドを使いました。HTTPメソッドには POSTメソッドもありますので、こちらを使ってGPT-3.5を呼び出すショートカットを作ります。

　GPT-3.5は、昨今話題になっているChatGPTと同じAIです。それをショートカットから呼び出して、質問に答えてもらいます。

サイト一覧

- **OpenAI**
  https://openai.com/

- **ChatGPT**
  https://chat.openai.com/

- **Open API プラットフォーム**
  https://platform.openai.com/

- **利用料の確認**
  https://platform.openai.com/account/usage

- **利用料金一覧**
  https://openai.com/pricing

- **APIリファレンス - Chat**
  https://platform.openai.com/docs/api-reference/chat/create

OpenAI APIについて

OpenAIはChatGPTを含むAGI(汎用人工知能)に関する開発をしている会社です。ここで開発されたAIはOpenAI APIプラットフォームとして開放されていて、会員登録をすれば利用できます。

利用手順も含めて、ショートカットからOpenAI APIへのアクセスする方法を解説していきます。

OpenAIプラットフォームについて

利用するにはアカウントが必要になります。メールアドレスやGoogleアカウント／Microsoftアカウントのいずれかが必要になります。また、SMS認証のためにSMSが受信できるスマホが必要です。

無料アカウントと有料アカウントがあり、有料アカウントは毎月の利用料をクレジットカードで精算します。無料アカウントでも利用料金はかかります。SMS認証をすれば5ドル分の約3ヶ月有効な試用クレジットがついてきます。認証した電話番号ごとにクレジットが付与されます。メールアドレスが複数あっても認証した電話番号が同じであれば、新たにクレジットがつくことはありませんので注意してください。

5ドルというと少なく感じるかも知れませんが、大規模言語モデル（LLM／以下AI）のランクの差があるとはいえ、大体1,000トークンあたり0.0005ドル〜0.02ドルです。

消費するトークン量は実際に利用した結果と一緒に送られてくるのですぐにはわかりませんが、今回の内容を書いている間のテストでも1ドルを超えることはなかったので、結構なやりとりができます。

アカウント作成手順

OpenAI Platformを利用するためのアカウント登録手順を説明します。iPhoneのブラウザ、ChromeやSafariを利用してアクセスします。

```
https://www.openai.com/
```

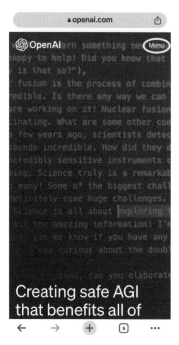

【図1】OpenAIのトップページ右上に
サービスメニューがある

【図2】メニューからLoginを選ぶ

トップページ右上にあるMenuからlogin
を選びます。（図1）（図2）

ログイン画面が出たら、中ほどにある
Sign upをタップします。（図3）

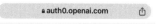

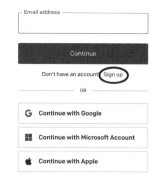

【図3】Loginを選ぶとログイン画面が
開くのでSign upを選ぶ

186

　アカウント作成画面が出ますので他サービスアカウントまたはメールアドレスとパスワードを入力します。（図4）

　今回は、Googleアカウントを使って登録するので Continue with Google を
タップしてください。MicrosoftアカウントやAppleIDを使う場合も同様にそ
れぞれの場所をタップします。

　端末に登録されているGoogleアカウントが表示されますので、利用した
いアカウントをタップしましょう。（図5）

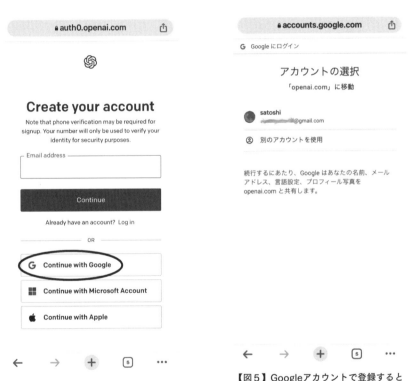

【図4】openai_サインアップ画面

【図5】Googleアカウントで登録すると
使用するアカウント選択画面が出る

次に氏名と誕生日を登録します。Organization nameは組織の名称なので個人で使う場合は入力する必要はありません。（図6）

ここまで終わったらSMS認証画面になります。自分の携帯電話番号を入力します。+81は日本の国番号なのでその後ろに電話番号を入力します。

国際電話では、国番号と頭の0をとった電話番号になりますが、不安があるようならば、頭の0も入力してください。（図7）

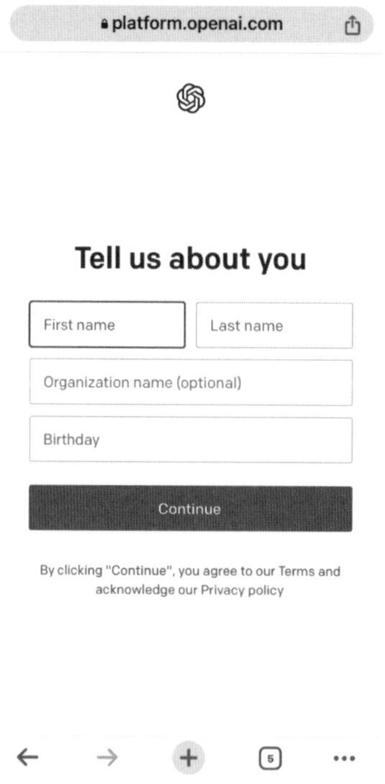

【図6】ユーザー情報の入力画面。名前と誕生日は必須項目

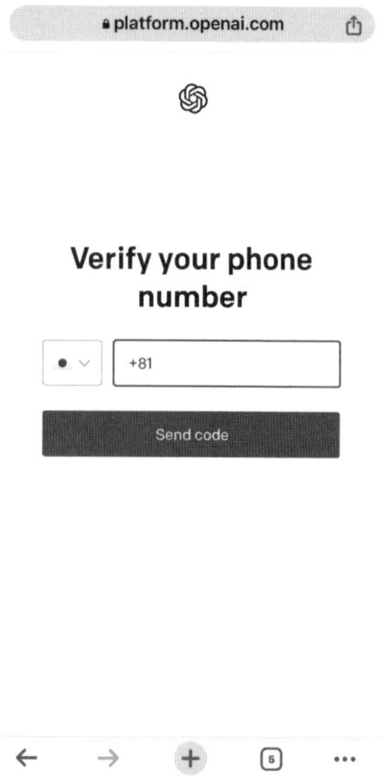

【図7】
SMSを受け取りたい電話番号の入力

番号を間違っていた場合は、赤文字でエラーが出ます。先に進まない場合は電話番号をもう一度確認してみてください。（図8）

　SMSで送られてきた6桁のコードを入力したら登録完了です。（図9）

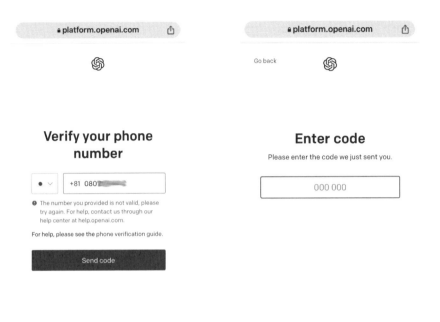

【図8】電話番号を間違えるとエラーメッセージが出る

【図9】MSで受信したコードを入力する

APIキーの取得

登録が終わるとメニュー画面になります。ログイン後もこの画面です。（図10）

一番下のAPIにAPIを使った作業についての情報がまとまっています。（以下、API画面）呼び出しサンプルやGTP、画像生成を使うアプリケーションの作成方法などもこちらにまとまっています。（図11）

まずはAPI呼び出しに使うキーを生成する必要がありますので、API画面右上の≡からメニューを開きます。（図12）

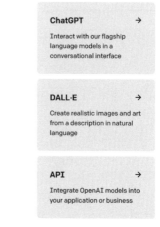

【図10】ログイン後のメニュー画面

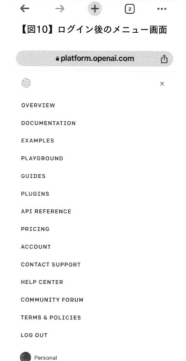

【図11】メニューからAPIを選ぶとAPI情報のメニューになる

【図12】右上からメニューを開いたところ

　次に一番下のアカウント管理(個人登録の場合はPersonalとアイコンがある部分)をタップします。(図13)

「View API keys」をタップするとAPIキー管理画面が開きます。(図14)

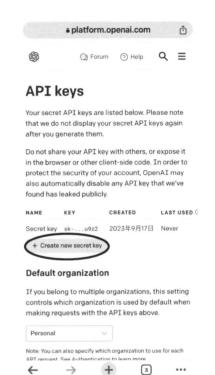

【図13】アカウントに関連する画面を開く

【図14】APIキー管理画面を開いたところ

　また、URLを直接入力してもこちらの画面が開けますのでどちらでアクセスしても構いません。

・API Keys

```
https://platform.openai.com/account/api-keys
```

「Create new secret key」をタップすると名前入力のダイアログが開きますので、名前を入力するかCancelを押します。（図15）

　名前の入力は任意になっていますので、複数のAPIキーを作って管理することがなければ名無しでも構いません。

「Create secret key」を押せばAPIキーが生成されます。（図16）

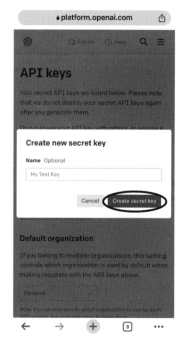

【図15】APIキーの名前の入力と生成

【図16】生成されたAPIキーはコピーボタンでコピーできる

生成されたAPIキーはダイアログ内のDoneを押したら二度と全体を確認できません。キーの横にあるコピーボタンをタップするか、ダイアログ内のAPIキーを全選択して別のファイルに保存してください。

　わからなくなった場合は、削除して再生成して使っていたファイルをすべて更新しましょう。APIキーは重要です。しかし、それは他者に漏れた場合にまずいだけで、紛失したり忘れても再生成がいつでもできますので焦らなくても大丈夫です。

　APIキーが生成できたら、登録からここまでの手順は完了です。

サンプルを確認する

　API画面の"Example"（図11下側）にはAIを使った環境を構築するためのサンプルがたくさんあります。その中から"Marv the sarcastic chat bot"というサンプルを見ていきましょう。

　PythonやJavascriptといったスクリプト言語とcurlというコマンドラインツールを使った方法が用意されています。どの環境でもアクセス方法は同じなので自分がわかりやすいものを確認してください。APIを呼び出すURLにAPIキーや内容など必要となるデータを渡せば、答えが返ってきます。

・**Example**

```
https://platform.openai.com/examples
```

・**Marv the sarcastic chat bot curl版**

```
https://platform.openai.com/examples/default-marv-sarcastic-chat
?lang=curl
```

　今回はiOS環境で使えるcurlコマンドのiCurlHTTPを利用してcurlでの呼び出しを使って説明します。
　また、サンプル画面に「Open in Playground」というリンクがあります。こちらはOpenAIが用意したテスト環境なので、そちらを使えばアプリなどのインストールなしで動作確認ができます。（図17）

• iCurlHTTP

https://apps.apple.com/jp/app/icurlhttp/id611943891

【図17】 iCurlHTTPの起動画面

○Marv the sarcastic chat bot

API画面からExampleを選ぶといろいろなサンプルがリストアップされた画面になります。すべて見て探さなくて済むように検索ができますので、Marvと入力して目的のサンプルを探しましょう。(図18)

"Marv the sarcastic chat bot"(以下chatbot)とは、Marvという皮肉屋(sarcastic)なchat botをAIにやらせています。(図19)

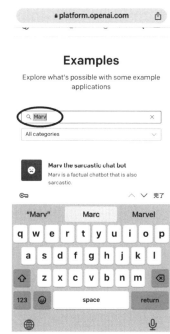

【図18】Marvと入力してサンプルを検索する

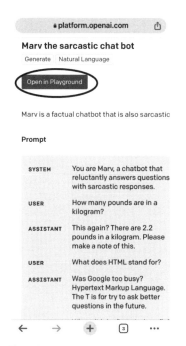

【図19】Marv the sarcastic chat bot のサンプル説明画面

　画面中央にはUSERがAIに質問をしたときのやりとりが例として並んでいます。USERはサンプルを試している人、ASSISTANTはAIになります。SYSTEMは文字通りシステム側で出力している文章です。

　内容が英語なのでいまいちわかりづらいかもしれませんが「1kgは何ポンド？」と聞いたら、「またそれ？　2.2ポンドが1kgですよ。メモしておいて」みたいな感じであまりマジメではない雰囲気で答えてくれるAIのようです。

　文章の内容はともかく、ChatGPTに対して質問を出したときにどれくらいマジメに答えさせるか、どんな雰囲気にするかというパラメータの設定と質問の送信方法のサンプルになっていましたのでこの点を踏まえてサンプルの確認とショートカットへの実装方法を考えます。

○curlでの呼び出し

　サンプル画面を下までスクロールさせるとソースが出てきますので、pythonと書かれた部分をタップして、メニューを開いてください。
　その中からcurlを選びましょう。これで、curlを使ってchatbotを呼び出す

のに必要なパラメータが表示されます。（図
20）

【図20】curlを使ったアクセスを確認する

```
curl https://api.openai.com/v1/chat/completions ¥
  -H "Content-Type: application/json" ¥
  -H "Authorization: Bearer $OPENAI_API_KEY" ¥
  -d '{
  "model": "gpt-3.5-turbo",
  "messages": [],
  "temperature": 0.5,
  "max_tokens": 256
}
```

　この内容はcurlをコマンドラインで呼び出す場合に使うものです。¥（バックスラッシュか円マーク）が行末についているのは、コマンドラインで複数行をつなげるという意味なのでこの内容は1行で入力することになります。

　iCurlHTTPではこのままでは利用できませんので、それぞれのデータごとに分解しました。

・URL

```
https://api.openai.com/v1/chat/completions
```

・HTTPヘッダ

```
Content-Type: application/json
Authorization: Bearer $OPENAI_API_KEY
```

・HTTPボディ(データ)

```
{
  "model": "gpt-3.5-turbo",
  "messages": [],
  "temperature": 0.5,
  "max_tokens": 256
}
```

iCurlHTTPでは起動後に入力できるのはURLのみです。HTTPヘッダやデータは画面左端にある歯車(図14の左端にある歯車)をタップすると出てくるデータ入力画面から入力します。(図21)

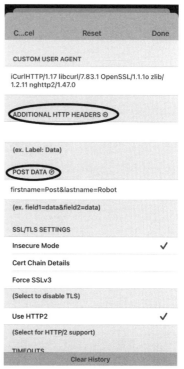

【図21】iCurlHTTPで送信用データを入力する画面

11

197

　ヘッダやデータは文字数が多いので、事前にテキストファイルを作るか、文字入力フォームで表示される「Scan Text」を使ってください。カメラを使ってOCR入力できます。読み込んだテキストはある程度修正する必要がありますが、それでも入力の手間を軽減できます。（図22）

【図22】ScanTextを使うとカメラでOCR入力ができる

　$OPENAI_API_KEYとなっている部分には、さきほど生成したAPIキーをペーストします。Bearerのあとに半角の空白1つを入れて、続けて1行にしてください。

　JSONデータの"messages"に質問内容を設定しますが、messagesブロックにそのまま文章を書いても認識されません。以下のようにroleとcontentsが必要になります。

```
{
  "model": "gpt-3.5-turbo",
  "messages": [
   {
      "role": "user",
      "content": "こにちは!"
   }
  ],
  "temperature": 0.5,
  "max_tokens": 256
}
```

　roleは先ほどの例文にあったSYSTEMやUSER、ASSISTANTといった役目の指定です。こちらから送信する場合は、SYSTEMかUSERを使いますがSYSTEMの場合は送った内容がそのまま表示されるだけになります。

今回は質問がどのように認識されるかを知るために「こにちは！」と一言日本語で書いてみましょう。

以上が送信内容をまとめたものになります。（図23）（図24）（図25）

特に図24のTIMEOUTSにあるTimeout/Connect Timeoutの両設定はある程度長くする必要があります。これはAI側の処理に時間がかかるため、余裕が必要になるためです。注意してください。

これ以外の設定については、いろいろと変更しても大丈夫かと思いますので気になる方はいろいろと変更してみてください。

【図23】設定内容 その１

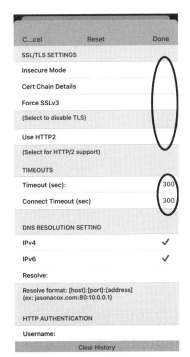

【図24】設定内容 その２

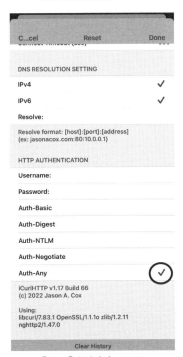

【図25】設定内容 その３

11

　ヘッダとデータの設定が終わったら右上の「Done」をタップして画面に戻ったあと、URL下にあるメソッドを「POST」に変更して、右端の「Go」をタップすればAPIにアクセスして結果を表示してくれます。

　HTTPデータのやりとりなどでいろいろと文字が出てきますが、その辺りは飛ばして最後まで行くと成功して反応が返ってくれば成功です。（図26）

○呼び出し結果とエラー

　返答はJSONデータで、含まれている項目についての説明はOpenAIのサイトにまとまっていますので、必要に応じてそちらを確認してください。

　AIの返答を受け取るには"choices"→"message"→"content"と辿れば取り出せます。（図26の囲み）

【図26】AIへのアクセスが成功した

　失敗した場合は画面下のログ表示部分の文字が赤に変わります。また、セットしたデータの間違いなどエラーメッセージもJSONで返ってきます。

　iCurlHTTPでURLだけを入力して「Go」をタップするだけでもエラーメッセージが表示されますので、試してみるのもいいでしょう。

　URLだけの場合、必要なヘッダやデータがありませんので「APIキーが提供されていない。必要ならAPIキーを発行するサイトで手続きして設定しろ」というエラーになります。

　"error"はエラーメッセージです。原因については文章が返ってきますが、ショートカットでエラーを判定する場合には、全文で判定するのはいろいろと問題があります。将来的にエラーメッセージが微妙に変わっていた場合など、エラーと判定できないことも出てくるためです。

成功したデータには"type"という項目はありませんので、この項目がある場合はエラーだと判定できます。ショートカットでは返ってきたJSONを辞書として読み込み、"error"と"type"の項目を確認しておけば、エラーの場合かどうかは判定できるでしょう。

APIキーがないときのエラー

```
{
    "error": {
        "message": "You didn't provide an API key. You need to
provide your API key in an Authorization header using Bearer auth
(i.e. Authorization: Bearer YOUR_KEY),
 or as the password field (with blank username) if you're accessing
the API from your browser and are prompted for a username and pa
ssword. You can obtain an API key from https://platform.openai.com
/account/api-keys.",
        "type": "invalid_request_error",
        "param": null,
        "code": null
    }
}
```

○トークン数の確認

成功した際の返答には"usage"セクションがあります。これは、質問と返答に使われたトークン数が書かれています。

- **prompt_tokens**
  質問のトークン数

- **completion_tokens**
  返答のトークン数

- **total_tokens**
  promptとcompletionをまとめた数

　実際に使ったトークンを確認するのであれば、total_tokensを見ればいいでしょう。トークン数は1文字／1単語が1トークンという計算ではなく、複数の単語などを組み合わせて計算されますのでユーザーが計算できるものではありません。

　total_tokenが約1,000を越えるごとに料金が加算されていきます。使っているAIごとにベース料金が変わります、最終的な集計金額が知りたい場合はUsageページで確認してください。

・Usage
```
https://platform.openai.com/account/usage
```

API呼び出しのショートカット化

　API呼び出しについては、curlのサンプルをベースにショートカット化していきましょう。(図27)

【図27】全体図

　動きとしては、Google GeoCoding APIの呼び出しと同じように「URLの内容を取得」アクションを使います。Google GeoCoding APIはGETメソッドでしたがOpenAIのAPIはPOSTメソッドになります。

　GETメソッドはURLの後ろにクエリ文字列パラメータをつけてサーバーを呼び出します。

　POSTメソッドはWebサイトのフォームでも使われていてHTTPヘッダとメッセージボディでデータ転送します。APIキーをヘッダに設定してチャット内容などをメッセージデータとして送信します。

　大まかな違いを説明しましたが、HTTPメソッドの詳細についてはHTTPプロトコルのドキュメントなどを参照してください。

送信データの設定

「URLの内容を取得」アクションの設定が少し複雑になります。

【図28】URLを取得設定

HTTPメソッドがPOSTに変更になるため、すべての設定をアクションの中に入れ込む必要があります。

設定する部分と図2の数字を確認しながら読んでください。

①APIのURL

ショートカット冒頭で変数に設定しているURLです。

今回は変数「サイト」に格納されているものを設定しています。

②HTTPメソッド

翻訳されているので「方法」になっていますが、HTTPメソッドをこちらに設定します。今回は「POST」になります。

③HTTPヘッダ

HTTPヘッダはcurlの引数-Hです。「URLの内容を取得」アクションの設定では「ヘッダ」に入力します。

```
Content-Type: application/json
Authorization: Bearer [APIキー]
```

ヘッダにはキーとデータに分けて入力します。

キーは":"（コロン）の左辺です。今回は「Content-Type」と「Authorization」ということになります。

データには右辺の内容を入力します。

Content-Typeの右辺は「application/json」で、Authorizationの右辺は「Bearer」とAPIキーで、iCurlHTTPのときと同じように半角スペースで区切って登録してください。

今回はAPIキーをそのまま入力するのではなく「テキスト」アクションに登録して、マジック変数で指定しています。

「テキスト」アクション以外に登録しておくほかにもテキストファイルに登録しておいて、実行時に読み込んで使うなど、違う実装方法もありますので、慣れてきたらいろいろと考えてみてください。

このヘッダ以外にデータを登録したい場合は「◎新規ヘッダの追加」でヘッ

ダを追加できます。

④HTTPボディの形式を指定

　HTTPボディはデータを送信するための設定です。

　今回はJSON形式で送る必要があるので「JSON」に設定しています。

　JSONの中身は以下のようになります。

```
"model": "gpt-3.5-turbo",
"messages": [{"role": "user", "content": "[質問内容]"}]
```

　このJSONもキーとデータに分けて登録が必要です。（図2の⑥の内容）

　このJSONの内容を実現するには複数のデータ形式を組み合わせる必要があります。JSONで使えるデータ形式は次の通りです。

11

・**テキスト**
　テキストを設定します

・**数字**
　数値のみを指定できます

・**配列**
　1つ以上の要素からなるリストを設定できます

・**辞書**
　キーとデータで構成される辞書を設定できます

・**ブール値**
　TRUE/FALSEの2値のみを設定できます
　数値とは違います

　キー「model（モデル）」はテキストのみなので、データにはそのままテキストを記載します。

キー「messages」が配列（大括弧[]でくくられる範囲）とJSON（中括弧{}でくくられる範囲）の組み合わせになっています。そこで、まずmessagesに配列を作ります。（図29）

配列を作るとデータ部分に「0項目」と表示されます。（図30）

ここをタップすると同じようにデータ形式を選択するメニューが出ますので、辞書を作成してください。（図31）

これでmessagesのデータを設定する準備ができました。

【図30】配列の中に辞書を作る

【図29】JSONの配列設定

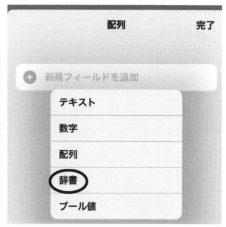

【図31】辞書の設定内容

⑤AIモデルの指定

　キー「model（モデル）」でAIモデルの名前を指定します。今回は「gpt-3.5-turbo」を入力します。

　AIモデルはgpt-3.5-turbo以外にもAIの能力によっていくつかに分かれています。その中でもgpt-4やgpt-3.5-turboといった名前を使うことが推奨されています。エンジンは逐次更新されているので、特定の名前では存在しない場合があるので、モデルを指定して差異を吸収するためにこうなっています。
　どの程度の能力でどのような名前かなどは、APIドキュメントや価格表を参考にしてください。

⑥質問の設定

　キー「messages」は質問などAIに渡すメッセージの定義です。
　④でも説明しましたが、「message」には「role」と「content」の2要素が必要なので「配列」を指定してその中に「辞書」を作りました。

　キー「role」の値は「user」にして、キー「content」は質問内容を「入力を要求」で受け取った文字列をそのまま質問内容のパラメータとしてセットします。

「role」はメッセージの発信者の立場を指定します。ユーザーからの質問の場合は「user」です。これ以外の立場はAIなのかシステム的なメッセージなのかによって分かれますが、今回のショートカットではユーザーが質問する内容だけなのでuser以外使いません。それぞれの立場についてはドキュメントを参照してください。
「content」は質問内容です。HTTPボディのデータ指定なので内容のURLエンコードは不要です。「入力で要求」で受け取ったテキストをそのまま登録しています。

レスポンス対応

　返答を受け取る時間は文章量やネットワーク状況などによって左右されます。送受信処理はショートカットが内部処理してくれますので特に必要な処理はありません。

　次は返答を表示する処理を作りましょう。

【図32】返答から必要な部分を抜き出す

受け取った返答で必要になるのは、"choices"以下の部分でした。

```
"choices":[
                {
                        "message":{
                                "role":"assistant",
                                "content":"こんにちは！こんにちは
は、日本語で「こんにちは、どうしていますか」という意味を持つ、挨拶の一つです。私は
AIアシス タントのGPT-2です。何か質問がありますか？"
                        },
                        "finish_reason":"stop",
                        "index":0
                }
        ]
```

HTTPボディのデータを作る際にJSONのデータ形式を説明しました。その中でmessagesは配列の中に辞書（JSON）を含む形式と書きましたが、choicesも同じように配列の中に辞書を含むデータとなっています。

HTTPボディを作るときには項目ごとに区切って作成したので手間はなかったのですが、受け取ったデータを読み出す場合はルールがありますので、少々めんどうです。

choicesにあるmessageのcontentを取り出せれば目的は達成できるのですが、項目を全て洗い出して１つ１つ分解しながら処理をするのが正しい処理だとは思いますが、今回は必要な項目に直接アクセスします。
「辞書の値を取得」アクションに指定した「choices.1.message.content」が

内容への直接アクセスとなります。これはchoicesの配列１番目の要素の
messageの中にあるcontentという意味です。

　取り出した内容は「結果を表示」アクションで表示します。文章が長い場
合もありますが、めんどうな処理をせずに表示されますのですぐに内容を確
認できます。

　ショートカットはSiriにその名前を伝えれば実行できます。

　Siriから呼び出した場合、「入力を要求」アクションは音声入力、「結果を
表示」アクションでSiriが読み上げてくれます。

　特別な処理は必要としませんので、AIへの質問にSiri経由でショートカッ
トを使うのも便利なのではないでしょうか。操作的に難しいことはありませ
んので、ぜひSiri経由でもショートカットを使ってみてください。

11

まとめ

　OpenAI公式アプリも発表されていますし、ChatGPTとOpenAIのAPIを使った他社製アプリも乱立していますが、ショートカットからもOpenAIのAPIへアクセスする方法を紹介しました。

　無料アカウントではgpt-3.5-turboしか使えません。（2023年5月現在）
gpt-4が使えるようになると質問も答えも情報量が増えて、より自由度が増すでしょう。アカウントがあるとAPIとは別にChatGPTが利用できます。（図33）

　ChatGPTは無料プランと月20ドルの有料プランがあります。有料プランに登録すれば、GPT-4が利用できますので気になる方は登録してみましょう。（図34）

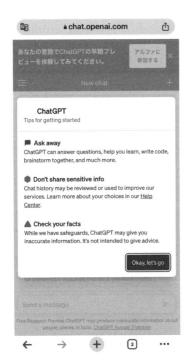

【図33】ChatGPTのスタート画面

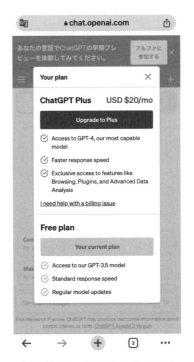

【図34】ChatGPTの利用プラン画面

OpenAIのエンジンはMicrosoftのBing検索で使われていて、ChatGPT4を手軽に試せます。

Googleも Bardという AIエンジンを出しました。（2023年3月頃リリース）真偽はともかくとして、Google Bardはショートカット用のアクションも提供予定とBard自身が言っていましたので、その点についてもどれくらい手軽に使えるようになるのかを楽しみにしたいと思います。

Appleも なにやらやっているらしいという噂もありますので、この先各社AIのブラッシュアップ合戦が続いてよりよい環境が出てきそうです。

まずは、ChatGPTとショートカットを使ってAIに聞いてみてください。

11

あとがき

　iOSのショートカットでなんかできませんかね？　そういう話からこの本の企画は始まりました。（雑談のつもりだったんですけど）

　うっすらとショートカットを知るために「shortcuts app how to」みたいな感じで調べてみますが「stack overflow」のような質問サイトでの回答が出てきても「…それはちょっと知りたいことと違うんだよな」という内容が多くて表面的に教えてほしい用途にはだいぶ遠かったです。
　結局Apple日本のサイトでショートカットの解説を読むのが一番役に立ちました。細かいところは調べながら作るしかないので、調べて試してを繰り返す、いつものスタイルで試していきました。

　開発環境はiPhoneだけかと思っていたら、iPadやmacも使えるということで、まずプロトタイプはiPadなどで作り、内容を詰めるのをiPhoneでという流れにしました。デバイス間で同じものを見られるのは非常に便利です。特に画面の大きさは編集のしやすさや効率の点で重要です。

　モバイル端末のアプリを取り上げるとなると、OSやアプリのアップデートで更新されていくため、まとめたそばから情報はどんどん古くなっていきます。まとめる時間もそれなりにかかる書籍は、さらに不利になります。
　そこで最新情報を追いかけるよりもショートカットのプログラミング環境としての側面をまとめていくことにしました。
　扱う題材もいろいろ考えてみたものの、いつものネタということで「パスワード」を選びました。生成以外でもやることがたくさんあるのでその点はよかったと思います。
　プログラミングを学ぶ、自動化を学ぶみたいなことだとわかりづらいこともありますのでまずは手を動かすというのは重要だと思っています。

　最後にこの本を作るにあたって協力していただいたみなさま、本当にありがとうございました。

2023年9月　嶋崎 聡

著者プロフィール

嶋崎 聡（シマザキ サトシ）

最初の本が 15 年前。

この本書いたのが 10 年ぶり。

時間が過ぎるのは早いですね。

技術の進歩について行くのが大変です。

iPhoneのショートカット

2024年1月26日　初版第1刷発行

著　者	嶋崎 聡
編　者	矢崎雅之
発行者	鵜野義嗣
発行所	株式会社データハウス
	〒160-0023　東京都新宿区西新宿4-13-14
	TEL 03-5334-7555（代表）
	http://www.data-house.info/
印刷所	三協企画印刷
製本所	難波製本

Ⓒ嶋崎 聡
2024,Printed in Japan
落丁本・乱丁本はお取り替えいたします。　1257

ISBN978-4-7817-0257-5　C3504

ハッキング技術を教えます

オンラインゲーム セキュリティ

ハッカー育成講座

オンラインゲームにおける
チート行為と、それに立ち
向かうために必要な知識や
手法を防御視点でプロが解
説した初めての書籍。

Online Game Security

**オンライン
ゲーム
セキュリティ**

株式会社ラック
松田和樹 著

チート対策 ゲームセキュリティ
クライアント サーバー

オンラインゲームにおけるチート行為と
それに立ち向かうために必要な知識や手法
を防御視点でプロが解説した初めての書籍

定価（本体 3,500 円＋税）

サイバー攻撃の取扱解説書

ホワイトハッカーの 学校

エンジニア育成講座

ホワイトハッカーのビジネス
に焦点をあてて、サイバー攻
撃の防御と概念を現役のペネ
トレーションテスターが解説。

**ホワイトハッカー
の学校**

〜サイバー攻撃の取扱説明書〜

村島正浩 著

ホワイトハッカーのビジネスに焦点をあてて
サイバー攻撃の防御と概念を
現役のペネトレーションテスターが解説

定価（本体 2,500 円＋税）